개성있는
서울의
건축물
둘러보기

도시건축감상

김란수 지음

담은 내용과 순서

책을 내며   4

분절된 건물 안에 길이 있는 상업건축

덕원갤러리   12
쌈지길   28
테티스   46
바티르   58

기업 이미지를 표현한 사옥건축

SK서린빌딩   72
종로타워   86
퍼시스서울본사   96
한유그룹사옥   106

인물을 기리는 문화건축

공간사옥   118
환기미술관   156
김옥길기념관   170
안중근의사기념관   184

한국성을 담은 종교건축

절두산 순교성지기념성당	204
경동교회	230
탄허대종사 기념박물관	248

재탄생한 공공 공원건축

선유도공원	262
북서울꿈의숲 아트센터	278
어린이대공원 꿈마루	296

참고문헌	310
감사의 글	318

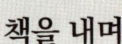

책을 내며

건축물도 예술품처럼 감상의 대상이 될 수 있을까? 사실, 이탈리아 판테온과 콜로세움, 프랑스 에펠탑과 노트르담 성당 등은 많은 사람이 이런 건축물 자체를 감상하기 위해 해외까지 간다. 또한 미국 뉴욕 구겐하임 미술관, 스페인 빌바오 미술관, 프랑스 파리 퐁피두센터나 호주 시드니 오페라하우스 등은 사람들이 그 안의 예술품 감상이나 음악회 감상만큼이나 그 건축물 자체를 보기 위해 가는 곳이다. 이런 예에서 볼 때에 개성 있는 건축물은 충분히 감상의 대상이 된다. 건축설계를 배우는 건축학 프로그램에는 건축설계와 이론에 대한 기초를 다지고, 또 이에 대한 안목을 갖기 위해 국내뿐 아니라 해외 유수 건축물들을 답사하고 토론하는 강좌가 포함되어 있다. 문화 선진국에서는 대중들이 예술적인 측면에서 건축물을 감상하고 비평하는 분위기가 이미 있으며, 또한 대중적으로 호응을 얻은 건축물들은 그 짓는 비용에 비하여 훨씬 높은 경제적인 가치를 낸다.

이전에 그 이름이 미미했던 스페인 바스크지방의 빌바오 시는 건축물로 도시를 알린 그 대표적 예라 할 수 있다. 15세기 이후로 철광석 광산과 연계된 조선업과 제철업을 기반 산업으로 하던 빌바오 시는 20세기 후반 달라진 산업의 변화에 대응하지 못하고 쇠퇴하였다. 1991년 자치정부는 빌바오 시의 주된 산업의 방향을 문화 및 서비스 분야로 재조직하기 위해 구겐하임 Guggenheim 브랜드를 유치했다. 빌바오 시는 구겐하임 미술관 외에도 네르비온 강가의 공원과 산책로, 음악당 등을 지어 종합적인 문화체험 장소를 만들었다. 그럼에도 불구하고 건축가 프랭크 게리가 설계한 구겐하임 미술관 자체가 이 도시 전체의 상징물로 세계에 인식되었고, '구겐하임 효과' Guggenheim Effect 라는 신조어가 생길 정도로 도시 인지도에서의 그 건축 역할은 대단하다.

그렇다면, 건축물을 감상하는 것과 예술품을 감상하는 것에는 어떤 차이가 있을까? 이 책에서는 각 건축물설계에 대한 해설을 통해 건축물을 실현하는 과정은 예술품을 완성하는 과정과는 다르다는 것을 보여준다. 예술가들은 작품을 주도적으로 만들 수 있는 반면에 건축가는 자신의 예술적인 의도를 관철시키기 위해서 우선 건축주를 설득해야 한다. 건축가는 건축주를 설득하는 것뿐 아니라 주어진 건축물의 현실적인 요구사항과 시공 시에 발생하는 많은 문제를 해결하는 과정을 거치고 난 이후에야 자신의 작품 의도를 실제로 이룰 수 있다. 건축물의 설계는 그것이 위치한 공간적, 시간적 상황에 영향을 받으며, 특히 건축 예술적인 면은 효율적인 면과 상충하는 경우가 자주 발생한다. 이 책은 주어진 환경 안에서 현실 요구 조건을 만족하면서도 새로운 예술 면모를 보이고자 시도한 서울의 특색 있는 건축물을 소개했다. 이런 건축물은 또한 이것을 설계한 건축가의 정체성을 잘 보여주는 대표작품이기도 하다. 건축가는 기존 관습에 머물러 있지 않고, 각 작품을 통해서 서울이라는 특수한 도시 상황에 대한 나름의 개성 있는 건축적 번안 형태를 제시했다.

 이 책에서 소개한 건축물들은 이미 유명하여 인지도가 있는 건물임에도 불구하고, 정작 건축가들이 어떤 방식으로 설계했는지, 어떤 디테일로 해결하였는지 등 일반인들은 건축설계에 관한 내용을 모르거나 이해를 못 하는 경우가 많다. 이 책은 건축가가 설계하는 과정을 해설함으로써 독자 스스로가 건축물이 완성되는 과정을 이해하고, 한발 더 나아가 그 건축물에 대해 각자의 의견을 낼 수 있도록 여지를 주는 것을 목표로 했다. 따라서 어느 건축물에서나 그 장소와 관련된 역사적인 배경과 건축가의 설계 의도를 먼저 언급했다. 건물의 배경설명 이후에는 도면인 이차원의 건축설계가 삼차원적 외관과 내부공간으로 어떻게 구현되는가를 보여주기 위해 배치도, 평면도, 단면도 등의 건축도면과 공간 사진을 대조할 수 있도록 지면을 구성했다. 음악에서 악보를 매개로 실제 음이 구현되듯이, 건축에서는 건축 설계도를 매개로 실제 공간이 어떤 식으로 펼쳐지는지를 설명했다. 그리고 주요 공간에서 건축 디테일로 점점 세분화하여 설명했다. 건축물을 직접 보면서 설명하는 형식으로 된 이 책의 내용을 활용하여 실제로 건축물을 방문하여 글의 내용을 따라 확인하며 독자 스스로가 건축물을 감상하길 바란다.

장소 특정적$^{site-specific}$ 예술 중 하나인 건축물을 감상하기 위해서는 그 건축물이 있는 실제 장소에 직접 가봐야 한다. 이 책에서 다룬 건축물은 모두 서울에 있으며, 어느 한도 내에서 일반인의 방문을 허용하고 있다. 근린생활 건축물은 건물 내에 길을 두어 공용 공간을 들어갈 수 있는 건축물들로 선별했다. 기업사옥의 경우에는 주요 공간의 일부를 일반인이 접근할 수 있도록 허용하는 건물들로 구성했다. 문화 건축물의 경우에는 입장료나 음료비를 내면 구경할 수 있다. 이 책에 실린 종교 건축물들은 공공 건축은 아니지만 일반인의 출입에 대해 관용적이며, 공원 건축물들은 공공 건축으로 무료로 입장할 수 있다.

책의 내용을 다음과 같이 구성했다. I장의 '분절된 건물 안에 길이 있는 상업건축'에서는 우리가 동네에서 흔히 볼 수 있는 근린생활시설이나 상업시설이지만 하나의 건물을 여러 개로 분절하여 지나가는 사람들에게 호기심을 주는 특이한 외관을 갖고 있다. 그리고 주로 1층에서만 접근성이 좋은 한계를 '길'이라는 옥외 요소를 건축 내부로 연장한 사례를 보여준다. 덕원갤러리와 쌈지길은 강북 인사동길의 연장으로서, 테티스와 바티_르은 강남 골목길의 연장으로서 사람들이 쾌적하게 건물 안으로 올라가는 계단 길 혹은 경사로 길의 장면을 개성 있게 연출하였다. 건축가마다 길을 따라 보이는 장면과 외부 모습을 연출하는 건축 디테일 접근 방식은 다르므로 각 건축가가 취한 이 네 건물의 설계방식을 비교해 볼 수도 있다.

II장의 '기업 이미지를 표현한 사옥건축'에서는 기업가가 추구하는 가치를 건축에 반영한 사례를 보여준다. 사옥 건물은 주로 오피스 기능이며, 일반 오피스 건물은 건축물 중에서도 개성보다는 효율을 중시하는 중성적인 외관을 한 경우가 많다. 반면에 이 책에 실은 SK서린빌딩과 종로타워는 서울 도심의 상업지역에 고층으로 지어진 대기업 사옥으로 건축적인 개성을 통해 기업 이미지를 대조적으로 드러낸다. SK서린빌딩은 기업의 견실하고 기술 지향적인 면모를 드러내고, 반면에 종로타워는 기업의 외향적이고 미래지향적인 이미지를 강조한다. 이런 대조적인 외관에도 불구하고 이 두 건물은 모두 건축 기술적인 측면에서 선도적인 동시에 일반이 이용할 수 있는 여지를 남김으로써 대중적인 면모를 보여준다. 퍼시스 서울 본사와 한유그룹 사옥은 준주거지역 또는 주거지역에 지어진 중규모의 오피스 건물이며, 중소기업 각각의 특성과 건축주의 사내 복지에 대한 생각을 좀 더 직접적으로 사옥에 반영한 사례이다.

 III장의 '인물을 기리는 문화건축'에서는 건축물이 다양한 방식으로 특정인을 기린다. 아라리오뮤지엄은 고 김수근 건축가와 고 장세양 건축가의 대표작이며, 최근까지 공간건축사사무소의 사옥이었다. 그러나 매각되어 용도가 바뀐 이 건축물 안에는 더 이상 이 두 건축가를 기리는 추모공간은 없다. 그럼에도 불구하고 그 본래 내 외부 모습이 잘 보존된 상태이며, 미술관과 음식점 건축물로서 사람들이 방문하고 감상할 수 있다. 환기미술관과 안중근의사 기념관은 각각 김환기 화백과 안중근 의사를 기념하기 위해 지어졌고, 그들 일생의 행적과 남긴 작품 또는 유품을 전시하고 있다. 그러나 안중근의사기념관은 건축물 자체가 추상적인 박스 군집 형태를 통해 안중근 의사와 그의 11명 동지를 직접적으로 상징하는 반면에, 환기미술관은 그 건축물 자체는 한국전통건축 요소인 지붕과 담을 연상시키지만 특별한 기념의 의미를 나타내지는 않았다. 환기미술관 건축물 형태 자체는 김환기 화백을 직접 드러내지는 않지만, 분절하면서 구성된 건축 내외부 공간은 추상적으로 정겨운 느낌을 표현한 김환기 화백의 작품과 닮아있다. 김옥길기념관은 추상형태 구조물이 반복되는 외부모습을 하고 있어서 폴리Follies와 같은 성격을 갖는다. 이 건축물은 작은 규모의 눈을 끄는 외관을 한 야외 구조물인 폴리와 공통점을 보여며, 명확히 드러나는 단순한 기하학적인 매스로서 건축물 자체가 기념비처럼 사람들 기억에 각인된다.

 IV장의 '한국성을 담은 종교건축'에서는 서울에 있는 한국 건축가가 지은 종교건물 중에서 천주교, 기독교, 불교를 대표하는 할 수 있는 작품을 한 개씩 소개했다. 이 세 건축물은 기존의 한옥 양식이나 고딕 또는 로마네스크식을 단순화한 서양 고전 복고 양식을 벗어나서 종교건축물로서 한국적인 새로운 정체성을 찾으려고 시도했다. 절두산 순교성지는 서양 고전 성당 형식과 한국 전통건축이 동시에 연상되는 틀 안에서 그 터의 처참했던 순교의 역사를 직설적으로 표현했다. 경동교회 역시 고대 로마 시대의 카타콤이 연상되지만, 그럼에도 불구하고 건축가는 독특한 공간 조형을 통해 건물 내외부가 모두 강렬하게 영적인 느낌을 전달하는 표현주의 방식을 택했다. 탄허대종사기념박물관은 불교건축이 현대도시 맥락에서 어떻게 진화할 수 있는지를 제시한 사례이다. 한국에서 불교건축물은 한국 전통사찰 건축양식을 대부분 고수하고 있다. 그래서 입체적인 공간 구성과 불교적인 디테일을 통해 사찰 공간을 현대적으로 상징화한 탄허대종사기념박물관 설계는 매우 창의적이다.

V장의 '재탄생한 공공 공원건축'에서는 재활용에 대한 이슈를 공원건축에 적용하여 대중의 호응을 얻은 세 가지 사례를 제시했다. 선유도공원은 기존의 정수장 시설의 구조물을 재활용하면서 그곳에 물과 수목을 다양한 방식으로 결합시켰다. 반면에 북서울꿈의숲 아트센터는 이전의 '드림랜드' 테마파크의 대지에 아트센터 건물군을 새로 지어 공공 공원단지로 조성했다. 다시 말해, 선유도공원이 기존의 구조물을 재활용하면서 그곳에 새로운 조경요소를 도입했다면, 북서울꿈의숲은 기존의 조경 대지를 재활용하고 그곳에 새로운 구축물을 삽입했다. 어린이대공원에 있는 꿈마루는 1970년에 원래 지어진 서울컨트리클럽하우스 구조물로 다시 복원한 사례이다. 그러나 꿈마루는 원래 구조물 그대로 복원하는 대신에 일부는 건축 내부공간으로 또 일부는 외부공간이나 반외부공간으로 현재의 쓰임에 적합하게 바꾸었다. 현대에는 랜드스케이프 건축의 예처럼 조경과 건축의 경계가 희미해지고 있는데, 꿈마루의 사례에서도 조경과 건축에 대한 재활용 경계가 모호하다. 꿈마루에서 건축가는 1970년에 지어져 그동안에 받은 세월의 흔적을 곳곳에 남겨서 건축물의 늙어가기에 대한 표현 방식을 건축 내부와 반외부공간에서 자연스럽게 보여주었다.

분절된 건물 안에 길이 있는 상업건축

덕원갤러리(현재 갤러리 미술세계), 2003	12
쌈지길, 2005	28
테티스, 2007	46
바티르, 2008	58

덕원갤러리 Dukwon Gallery
(현재)갤러리 미술세계 Gallery Misulsegye

네 개의 다른 매스가 조합된 하나의 건축물

  덕원갤러리 리모델링 후의 모습은 건축물이 얼마나 변신할 수 있는지를 보여준다. 덕원갤러리는 인사동의 주요 지점 중 하나인 1960-70년대 극동방송국과 TBC방송국이 있었던 대지에 세워졌다. 리모델링 이전의 기존 건물은 인사동의 아기자기한 주변 건물들과는 대조가 되는 진한 회색의 큰 덩치로 위화감을 주었고, 주변 분위기까지 어둡게 만들었다. 권문성 건축가는 주변에 비해 '너무 큰 덩치'의 건물을 인사동의 주변 분위기에 맞추고자 스케일이 작아 보이도록 하나의 건물을 나눠서 네 개의 매스가 군집한 것처럼 보이도록 설계했다. 결과적으로 네 개 매스는 다음과 같이 각기 다른 형태와 외벽 디테일을 갖는다. 인사동길 전면에서 한식기와 쌓기 벽으로 된 3층 매스, 그 뒤로는 수평 목재 널 커튼월로 된 5층 매스, 3층 매스 위로는 적삼목이 촘촘히 박힌 노출 콘트리트 방형 매스, 그리고 도로 모퉁이를 끼고는 종석몰탈 거친 마감으로 된 수직 매스로 하나의 건물이 나뉘어 보인다.

  인사동길에 면해있는 한식기와 쌓기 외벽으로 된 3층 매스는 독립적으로 보이나, 평면도에서 확인할 수 있듯이 2층과 3층은 그 뒤 매스와 계단으로 연결되어 있다. 건축가는 주변 건물을 압도하는 위화감을 없애고, 맞은편 건물 높이와 맞추기 위해 인사동길에 직접 면한 건물 부분에서 위의 두 개

리모델링 전의 건물 모습 ©ATELIER 17

리모델링 후의 덕원갤러리 (현재 갤러리 미술세계) ©Heeyoon Moon

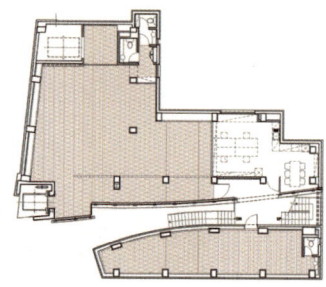

리모델링 후 3층 평면도 ©ATELIER 17

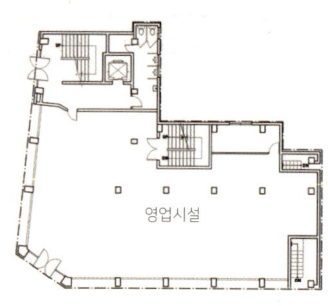

리모델링 전 1층 평면도 ©ATELIER 17

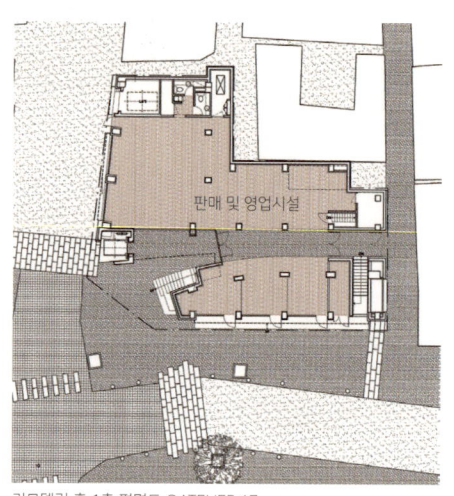

리모델링 후 1층 평면도 ©ATELIER 17

층을 없애 3층으로 만들었다. 이런 3층 건물 매스로 변형하기 위해 기존 건물 구조체계 일부도 바꿔야 했다. 전면 부분에서 2개 층을 없애기 위해 기존의 보를 절단했다. 그리고 이렇게 잘려나간 보들을 지지하는 작은 기둥들을 새로 만들고, 그 기초도 별도로 신설했다. 건물이 옷만 갈아입는 것이 아니라 소위 성형수술을 받아 완전히 변신한 것이다. 성형수술 중에서도 뼈를 깎아내고, 다시 새 뼈를 넣는 정도의 대대적인 수술을 받은 것이다.

덕원갤러리 모형 사진 ©ATELIER 17

한식기와 쌓기 벽　　　노출 콘크리트 위 적삼목 벽　　　수평 목재널 루버 벽　　　종석몰탈 거친 마감 벽
덕원갤러리의 네 가지 외벽 디테일 ©Heeyoon Moon

　　전면 3층 매스 위에 캔틸레버로 떠 보이는 적삼목이 박힌 노출 콘트리트 방형 매스에서도 건축가의 창의적인 도전정신을 엿볼 수 있다. 건축가는 이 매스가 독립적인 형태로 떠 있는 것처럼 보이게 하려고 기존의 일반 슬래브에서 캔틸레버로 바뀐 슬래브 배근으로 수정했고, 그래서 현장에서 직접 의견을 여러 차례 조율했다. 그 외에도 리모델링 전후의 평면 비교에서도 알 수 있듯이 건축가는 코어 구조도 변경했다. 그는 두 개의 실내 계단을 없애고, 전망 엘리베이터와 전시물 운반을 위한 화물 엘리베이터를 추가했고, 화장실의 위치도 변경했다. 새로 생긴 전망 엘리베이터는 길에서 직접 탈 수 있고, 이것을 타고 올라가면서 인사동 주위 풍경도 감상할 수 있다.

네 개의 매스에 대응되는 네 개의 외벽 디테일

건축가는 새로 만든 네 개의 매스에 각각 개성 있는 디테일을 적용했는데, 이는 마치 몬드리안의 그림에서 보는 분할과 구성을 삼차원적으로 적용한 것 같은 인상을 준다. 몬드리안 그림의 분할된 면에는 삼원색이 기본이 되지만, 덕원갤러리 입면에는 인사동 이미지와 어울릴 기와, 목재, 회벽 등 전통 재료를 사용한 디테일을 적용했다.

우선, 인사동길을 따라 한식기와 쌓기 벽으로 된 3층 건물 매스를 살펴보자. 한국 전통건축 담장에서 흔히 볼 수 있는 기와를 넓은 수평 줄눈을 두며 쌓아서 결과적으로 흰 회벽에 기와의 부드러운 곡선형 마구리가 수평으로 이어지며 쌓인 모습으로 보인다. 이런 진회색 기와는 인사동길에 깔린 전돌 색감이나 질감과 비슷하게 친근한 전통 느낌을 주며, 인사동 분위기에 자연스럽게 동화된다. 이와 동시에 이 무채색의 외벽 디자인은 모던한 느낌도 주는데, 그 이유는 흰 회벽 부분이 진한 기와의 두께보다 넓어서 밝게 보이며, 벽의 상부는 검은색 아연 플레이트를 접어 단순하게 마무리했기 때문일 것이다. 흰 회벽에 한식기와 마구리가 돌출되어 있어서, 빛의 밝기나 방향에 따라 입체적인 그림자가 생기며 다양한 효과를 준다. 사실, 이 한식기와 쌓기 벽 디테일은 건축가가 2003년에 준공한 도서출판 열림원 건물에서 이미 시도하여 성공적으로 실현했다. 도서출판 열림원은 홍대 입구에 있어서 주변의 화려한 상업 건물에 비해 이런 디테일이 다소 해묵은 것처럼 보이는 반면, 전통 분위기가 있고 전돌이 깔린 인사동길에서 이 한식기와 쌓기 외벽은 자연스럽게 어우러진다. 이 3층 매스의 1층 외벽은 쇼윈도로 되어 있어서 인사동길을 걷는 사람들은 다른 가게들에 이어서 자연스럽게 이 가게 안 물건들을 구경한다.

덕원갤러리의 한식기와 쌓기 벽과 그 위의 인스톨레이션처럼 보이는 적삼목 막대들이 박힌 매스 ©Heeyoon Moon

적삼목 막대들이 박힌 매스 안의 높은 천장고를 갖는 내부 전시장 ©Heeyoon Moon

둘째로, 눈에 들어오는 독특한 매스는 인사동길 전면 3층 매스 위에 캔틸레버로 떠 보이는 정방형에 가까운 매스이다. 이 매스의 외벽에는 80×80×450의 적삼목을 가로와 세로로 230mm의 간격으로 박아 놓았는데, 이런 디테일은 매우 독특하여, 사람들의 호기심을 자극한다. 이것은 일반적인 건물 형태와는 다르게 생겨서 건물이라기보다는 예술적인 인스톨레이션installation으로 보인다. 이 매스는 세 면에 창이 없고, 45도 각도로 기울어진 기둥이 받치고 있어서 하부 건물로부터 마치 떠 있는 것처럼 보인다. 다른 매스와는 동떨어진 이 매스의 내부공간은 기존 건물의 낮은 층고를 그대로 쓴 다른 매스와는 다르게 높은 층고를 갖는다. 건축가는 다른 층 공간에서의 답답함을 해소하기 위해 이 부분의 구조를 과감히 변형시켰다. 그래서 외부에서 독특해 보이는 이 매스는 실제로도 주요 이벤트를 수용할 수 있는 높은 층고로 된 공간을 갖게 되었다.

셋째로, 3층 매스 외벽 뒤에 있는 5층 매스 외벽은 수평 목재 널 커튼월로 되어 있다. 적삼목 널 사이즈는 두께 50mm, 폭 300mm이며, 이 널의 폭 중간보다 약간 안쪽 지점에 복층 유리가 수평 목재 널 사이사이에 끼워져 있다. 그리고 수평 목재 널을 잡아주는 철재 각 파이프와 철제 플레이트는 복층 유리의 안쪽으로 설치되어있어서, 외부에서는 계속 이어지는 수평 적삼목 널과 그 사이사이의 유리만 보인다. 수평 목재 널 커튼월은 서향면에 설치되어있어서 어느 정도 서향 빛을 차단하는 블라인드 역할도 하기 때문에 내부에서는 눈부심을 피해서 인사동길 풍경을 그 널 사이사이로 볼 수 있다. 외부에서 좀 거리를 두고 보이는 목재 널 커튼월은 계단을 오르내리는 방향으로 그 수평선이 이어지며, 태양 빛이 강할 때는 그 그림자와의 대비가 분명해져서 적삼목 널의 수평선이 더 선명하고 강렬한 인상을 준다.

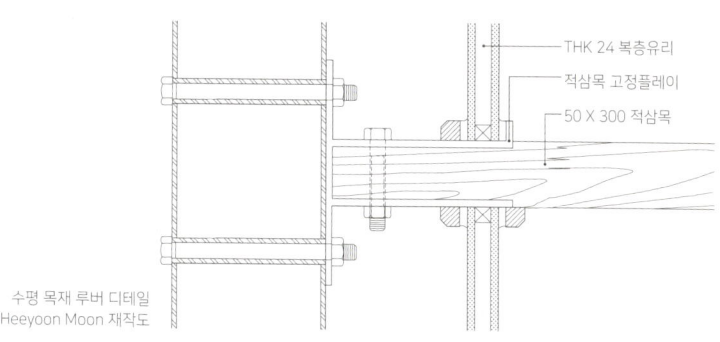

수평 목재 루버 디테일
Heeyoon Moon 재작도

덕원갤러리 계단길과 수평 목재 루버 ©김란수

내부에서 본 덕원갤러리 수평 목재 루버 ©김란수

반면에 계단을 오르내리면서 수평 목재 널 커튼월을 가까이에서 볼 수 있는데, 이때에는 그리 쾌적해 보이지 않는다. 목재 널 사이사이의 복층 유리를 고정하기 위해 두꺼운 코킹이 울퉁불퉁하게 발려져 있는 모습과 15cm 이상 튀어나온 수평 널마다 그 위로 먼지가 쌓여 있는 모습이 내외부에서 적나라하게 보이기 때문이다.

특히 내부에서는 복층 유리 안쪽 디테일을 그대로 볼 수 있다. 철재 각 파이프를 세워 여기에 철재 플레이트를 고정시키고, 여기에 각각의 목재 수평 널을 고정시키는 볼트와 너트로 접합된 모습을 그대로 볼 수 있다. 이것은 반접합$^{dis-joint}$ 방식으로서, 접합된 부위를 숨기는 접합^{joint} 방식과는 다르게, 부재들의 결합방식을 그대로 노출함으로써 축조 과정을 한눈에 파악할 수 있는 장점이 있다. 그러나 내부 가까이에서 널과 볼트의 사이즈는 둔탁해 보이고, 그 노출된 수평 널 사이사이와 조립 부품 곳곳에 쌓인 먼지로 인하여 건물이 한층 낡아 보이고 그래서 실내는 쾌적하게 느껴지지 않았다. 결과적으로 수평 널 사이에 복층 유리를 일일이 고정시키는 디테일은 시공에 있어서나 건물 관리에 있어서 그리 좋은 선택은 아니었다. 유리 커튼월과 블라인드 역할을 하는 목재 널 프레임을 따로 두는 이중 외피 구조로 해결하는 방법이 이것의 대안이 될 수 있다.

마지막으로 세 개 매스와 더불어 종석몰탈 거친 마감으로 된 수직 매스가 있다. 이 수직 매스에는 전망 엘리베이터와 기계실이 있다. 외부에서 엘리베이터 케이지가 오르락내리락하는 것이 보이며, 이런 상하로의 움직임이 이 매스의 수직성을 더욱 강조한다. 건축가는 이처럼 한 건물이 각기 다른 네 개 형태로 된 매스가 조합된 것처럼 보이도록 외벽을 분절하고, 여기에 인사동이라는 맥락에 어울리는 각기 다른 네 개의 디테일을 고안해서 적용했다. 건축가는 "도시 속에서 건축의 취해야 할 자세를 결정하는 일$^{Positioning\ in\ Urban\ Context}$과 건축의 부분을 결정하며 주변의 상황뿐만 아니라 스스로 생성한 또 다른 작은 부분들에 의지해야 하는 일$^{Positioning\ in\ Micro\ Context}$이 같은 기준에 근거해야 한다." [1]고 적었는데, 이 덕원갤러리 리모델링 설계가 건축가의 이런 철학을 보여주는 좋은 사례이다.

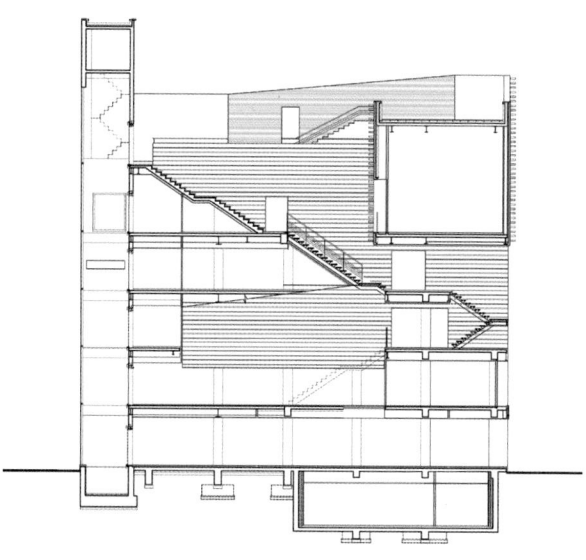

계단길이 보이는 덕원갤러리 횡단면도 ©ATELIER17

네 개 매스를 가까이에서 감상할 수 있는 계단 길

하나의 건물이 네 개 매스로 나누어진 모습은 건물 외부에서뿐 아니라 건물 내부를 관통하는 계단 길을 걸으며 좀 더 가까이에서 볼 수 있다. 리모델링 설계에서 건축가는 마치 산책하듯이 주위를 감상하며 올라갈 수 있는 계단 길을 디자인했다. 기존 건물에서는 1층은 은행으로, 그 위층은 모두 전시실로 사용되었다. 그러나 1층에서 출입은 주 도로인 인사동길에서 바로 되었으나, 2층 이상의 층으로 올라가는 계단 출입구는 부차적인 도로인 인사동4길에 있었다. 또한 전시실에 가려면 피난계단실과 같은 답답한 공간을 거쳐야 하므로 결과적으로 전시에 대한 기대감을 반감시켰다. 이런 문제점을 인식하고 건축가는 우선 두 길이 만나는 '인사동 네거리'라 명명된 곳을 건물의 새로운 주출입구로 삼았고, 이곳에 주 출입 옥외공간을 만들기 위해 기존 건물에 있던 기둥 두 개를 제거했다(리모델링 전후의 평면도를 참조). 그리고 이 옥외공간 바닥에 인사동길과 같은 전돌을 깔아 인사동 네거리와 건물 옥외공간을 자연스럽게 연결했

인사동 네거리에서의 덕원갤러리 계단길 (2003) ©ATELIER17   광고판으로 도배된 덕원갤러리 계단길 (2012) ©김란수

다. 건축가는 이곳에서 위층으로 바로 올라갈 수 있는 전망 엘리베이터를 두는 것 외에도 이곳을 기점으로 건물 내부를 관통하며 올라가는 계단 길을 만들었다. 따라서 계단 길을 오를 때에 왼편으로는 수평 목재 널 커튼월이, 오른편으로는 한식기와 쌓기 벽이 있고, 이 벽들 중간중간에는 큰 쇼윈도가 있다. 이 계단 길은 3층까지 한 방향으로 올라가다가 건물의 남측 끝부분에 다다르면, 여기서 유턴하여 다시 올라간다. 그래서 옥상까지 올라갈 수 있도록 이어져 있다. 이 계단 길에는 마치 오래된 옛 동네의 좁은 골목길처럼 담장과 같은 외벽이 양측에 있다. 휘어지는 계단을 올라갈수록 그 폭이 미묘하게 좁아지면서 깊이에 대한 착시효과를 주고, 그래서 처음 온 사람들은 호기심으로 끝까지 올라가게 된다. 이 외부에 있는 계단 길은 덕원갤러리의 모든 층으로 직접 연결되며, 또 오르면서 각 층 내부의 모습을 쇼윈도를 통해서 또는 목재 널 사이의 유리를 통해서 볼 수 있다. 4층에 다다르면 좌측에는 데크^{deck}가 깔린 야외 휴식공간(3층

계단길에서 보이는 적삼목이 박힌 매스(2012) ©김란수   차양과 현수막으로 가려진 덕원갤러리(2017) ©김란수

전면 매스의 옥상)이 있다. 이곳에서 북적이는 인사동길 풍경을 여유롭게 쉬며 내다볼 수 있다. 계단 길을 오르다 보면 건물 밑으로 자연스럽게 들어가게 되는데, 이 건물은 적삼목이 촘촘히 박힌 노출 콘크리트의 방형 매스로서 그 독특한 외관으로 오르내리는 길에서 이정표와 같은 역할을 한다. 다시 말해 이 방형 매스는 그 하부에서 계단 길이 유턴하는 지점에 있다. 또한 이 매스는 지상층에서 투명 엘리베이터를 타고 올라가서 옥상 층에 내리면, 바로 정면으로 내려가는 계단 길 끝에 보이기도 한다. 건축가는 골목길과 같은 계단 길, 독특한 방형 매스, 수평 널 블라인드 등 전통의 친근감이 느껴지는 요소와 디테일을 고안했고, 이런 요소들이 서로 겹치면서 만들어내는 독특한 장면들을 연출했다.

덕원갤러리에서 갤러리 미술세계로

　덕원갤러리는 2003년 리모델링에서 1층과 2층은 인사동 거리와 어울리는 전통 공예품 판매점으로, 3층에서 5층까지는 미술품을 전시하고 판매하는 화랑으로 계획되었다. 사실 인사동에는 노암갤러리, 선화랑, 공아트스페이스, 관훈갤러리, 동산방화랑, 인사아트센터, 노화랑 등 각기 나름의 특색을 가진 화랑들이 많은 것으로 유명하다. 덕원갤러리는 기존 건물을 리모델링했기 때문에 층고가 낮은 편이고, 굴곡이 많은 평면으로 전시 공간으로서 한계가 있었다. 그래서인지 미술 대학이나 건축학과의 졸업전이나 작가의 길로 막 들어선 젊은 예술가들의 작품을 전시하는 곳으로 알려졌다. 그 이후 세월이 흐르면서 전시장보다는 학원으로 임대되었고, 건물은 점점 더 현란하고 유치한 광고판과 스티커로 도배되었다. 외벽의 돌출된 부재 사이사이마다 먼지가 수북이 쌓여 있어서 그 외부모습은 실제 묵은 햇수에 비해 훨씬 낡아 보였다. 그러나 2014년에 창간 30주년이 된 잡지 〈미술세계〉가 덕원갤러리를 인수하여 '갤러리 미술세계'로 건물 명칭을 변경했다. 〈미술세계〉는 1984년부터 현재까지 발행하고 있는 국내 미술전문 월간지이며, 이 건물에 작가와 미술세계, 대중이 만나는 네트워크 허브 공간을 구축한다는 포부를 보였다. 2016년부터는 이곳에서 미술세계 아카데미를 운영하여 미술가를 지망하는 학생들이 직접 작가에게 배우고 전시할 수도 있다. 덕원갤러리는 현재에는 갤러리 미술세계가 운영하면서 리모델링 초기의 전시장 모습을 많이 회복했다. 그러나 건물 외부는 간판, 현수막, 접이식 차양 등으로 리모델링 초기의 건물 본 모습이 여전히 가려져있다. 이런 덧붙여진 여러 요소를 제거하여 덕원갤러리 본 모습으로 회복된다면 갤러리 미술세계 사옥으로서도 더 좋은 인지도를 얻을 수 있으리라 기대한다.

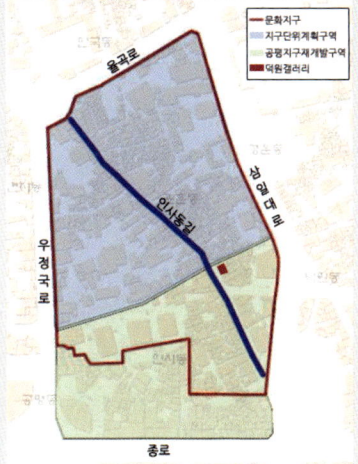

종로구 인사동 문화지구의 공평 재개발구역과 덕원갤러리
김명규 작도

리모델링으로 탄생한 덕원갤러리

덕원갤러리는 권문성 건축가가 대표인 아뜰리에 17이 했던 리모델링 프로젝트 중에서 현암사(2000년)와 청담동 신동빌딩 (2001년) 다음으로 세 번째로 완공한 건물이며, 현암사와 함께 그의 건축 개성을 널리 알린 작품이기도 하다. 리모델링 제도는 국내에서는 2001년에 건축법시행령을 개정하면서 도입되었지만, 이미 이전부터 증축이나 대수선의 행위로 진행되어 왔었다. 리모델링은 "건축물의 노후화 억제 또는 기능향상을 위하여 증·개축 또는 대수선을 하는 행위"로 정의 된다.2) 구조체의 내구연한이 남아있을 경우 리모델링을 통해서 거주자의 변화 요구를 수용하면서 필요한 성능을 개선할 수 있기 때무에 이것은 모두 부수고 다시 새로 짓는 재건축에 비하여 불필요한 자원 낭비와 건설 폐자재 발생을 줄일 수 있다. 건물의 수명을 연장함으로써 사회 전체로 볼 때는 지속 가능한 환경 조성에 보탬이 된다. 이런 취지로서 건축법에서도 리모델링 시에 "대지 안의 조경, 건폐율, 용적률, 도로 폭에 대한 높이 제한, 일조권에 의한 높이 제한과 공개공지 확보의무"에 대한 사안을 건축심의를 통해 완화 적용할 수 있게 했다.

덕원갤러리는 인사동 문화지구 안에 있으며, 이곳 내부의 주도로인 인사동길과 이것을 가로지르는 인사동 4길의 모퉁이를 낀 대지에 있다. 인사동 문화지구는 크게 두 구역으로 지정되어 있는데, 이 지구를 가로지르는 인사동 4길과 5길의 북쪽 지역은 '인사동 지구단위계획구역'으로, 남쪽 지역은 "공평지구 재개발구역"으로 지정되어 있다. 예로서, 쌈지길 대지의 경우에는 지구단위계획구역 안의 특별 설계구역으로 지정되어 있었다. 이 구역의 지정목적은 인사동의 기존 도시조직을 보호하고 그 지역의 전통문화 업종들이 변환되는 것을 막는 것으로서, 건물의 높이와 전면 도로변 건물의 높이, 배치 및 외관계획, 지정용도 등 설계 시 고려해야 할 상세한 지침이 이미 정해져 있다. 반면에, 덕원갤러리 대지가 있는 구역은 1978년에 "공평지구 재개발구역"로 지정되었다. 이는 철거재개발구역으로서 주변 대지와 함께 철거하고 고층건물로 짓는 대규모 개발만이 허용되는 것을 의미했다. 2012년 6월 서울시는 인사동 공평구역을 종전 철거형에서 보전형으로 전환해 개발하기로 했다고 발표했다. 대상지역은 1978년 철거 재개발구역으로 지정된 공평구역 19개 지구 중 개발이 이뤄지지 않은 6개 지구이다. 이들 지역에서는 전면 철거를 하지 않고도 작은 단위의 개별 필지에 대한 개발행위가 가능해지며 건축기준을 완화해 기존 골목길을 최대한 유지하면서 노후 건축물을 자율적으로 정비할 수 있다. 주차장 설치도 비용 납부로 대체할 수 있게 완화했다. 덕원갤러리 이전 건물은 40년도 더 된 건물로서 주차장도 없고, 건폐율이 100%였기 때문에 재건축 시에는 건물의 면적이 기존보다 훨씬 줄어들 상황이었다. 따라서 건축주는 선택의 여지 없이 리모델링의 방법을 택했다.

설계 권문성, 이경락 / ATELIER 17
위치 서울특별시 종로구 인사동길 24
규모 지하 1층, 지상 5층

1) 권문성, "PHILOSOPHY," 아뜰리에 17(홈페이지 : www.a-17.com)
2) 한창섭, [특집] "리모델링 제도현황 및 발전 방향," 건축(대한건축학회지), v.49 n.9, 2005.09, pp.18-20

쌈지길 Ssamzie Gil

축제가 열리는 마을 광장과 같은 쌈지길 중정

　건축과 학생들에게 인사동 건축물 답사는 필수코스가 되었고, 쌈지길은 인사동을 대표하는 건축물이 되었다. 그토록 많은 사람들이 쌈지길을 좋아하는 이유는 어디에 있을까? 아마도 그 이유는 대중적인 친밀감에 있다고 보인다. 이 친밀감을 건축적인 관점에서 분석해 보면, 우선 사람들은 쌈지길을 하나의 상업 건물이 아닌 축제가 열리는 마을 광장처럼 여기고 있다. 쌈지길의 주출입구는 '사람 인(人)'이 서로 기대고 있는 형상인 쌈지길 로고 '人人'이 크게 붙어 있는 검은 전돌 외벽과 노출 콘크리트에 목재 난간으로 된 브리지로 되어 있다. 이 주출입구는 건물 안 중정과 인사동길 사이에서 뚜렷한 경계 없이 그대로 열려 있다. 쌈지길 중정은 인사동길뿐 아니라 주변 두 개의 골목길과도 연결되어 사실상 세 방향에서 접근할 수 있다. 총 다섯 개의 열린 출입구는 건물 보안이라는 입장에서 보면 상당히 불리할 수도 있음에도 불구하고 주변 맥락과의 소통을 우위에 두고 있음을 보여준다. 대략 150평 정도의 중정인 일명 '가운데 마당'에서는 소비자를 유혹하는 여러 판매행사가 열리지만, 동시에 문화적으로 다양한 종류의 야외 퍼포먼스와 공연이 열리며 볼거리를 제공하기도 한다. 야외 공연이 열릴 때는 중정 주위를 감싸며 4층까지 올라가는 건물 난간에 사람들이 층층이 차며, 이곳은 마치 축제가 열리는 마을 광장처럼 사람들은 여기에서 공연 동안에 아늑한 동질감을 느낀다.

준공 직후의 쌈지길의 중정과 경사로(2005년) ©김용관

쌈지길의 중정과 경사로(2016년) ©Heeyoon Moon

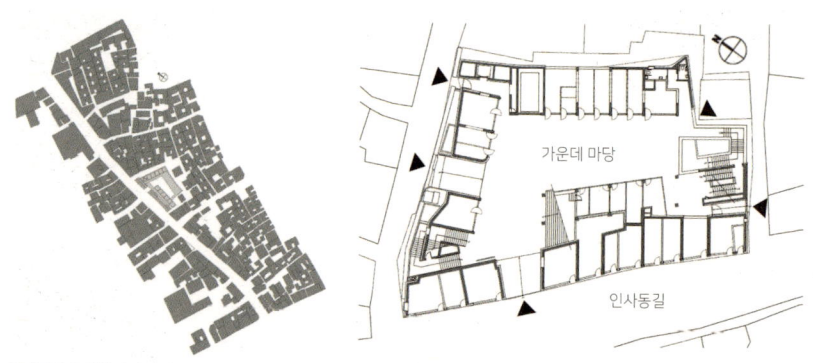

인사동길에 면한 쌈지길 위치도 ⓒ가아건축   중정과 5개의 출입구가 있는 쌈지길 1층 평면도 ⓒ가아건축

    2006년 10월에 쌈지길은 앤디 워홀 전시회를 열면서 입장료 3,000원을 받으려고 했으나, 전시회 초기에 방문한 사람들과 여론은 강하게 반발하여 결국 주최 측은 그 전시회에서 무료입장을 결정했다. 최문규 건축가는 이런 현상을 'POPS$^{Privately\ Owned\ Public\ Space}$' 즉 '사적 소유인 공공공간'의 관점에서 해석했다.[1] 쌈지길은 사실상 한 기업의 사유재산으로서 임대한 상업 건물들의 집합체이고, 따라서 입장료의 책정은 그 기업의 결정에 달려있다. 그럼에도 불구하고, 이 사건은 대중이 쌈지길을 공공공간으로 인식하고 그 권리를 주장할 수 있다는 점을 보여준다. POPS는 1960년대에 뉴욕시가 정한 조례에 그 유래를 두고 있다. 이것은 사유 건물을 지을 때 필로티, 광장, 아트리움, 아케이드, 소광장 등 대중이 이용할 수 있는 면적을 제공할 경우에 그 건물의 용적률에 혜택을 주는 개념이다. 쌈지길의 대지는 건축가가 설계하기 이전에 이미 지구 단위 계획에서 특별 설계구역으로 지정되어 있었다. 중정의 크기, 건물의 높이와 전면 도로변 건물 높이 등 설계 시 고려해야 할 상세한 지침이 이미 정해져 있었고, 건물 프로그램도 4평에서 8평 사이의 소규모 상점들, 식당, 찻집과 갤러리로 해야 했다. 쌈지길을 방문한 사람들은 주변 기존 골목들에서 별다른 제약 없이 접근할 수 있는 쌈지길 중정과 그 주변에 층층이 쌓인 오밀조밀한 가게들로 인하여 마치 마을 광장처럼 친근한 공공장소로 여긴다.

산책로와 같은 쌈지길의 오름길과 르 코르뷔지에의 건축적 산책로

사람들이 쌈지길을 친근하게 여기는 또 다른 이유로는 쌈지길 건물 전체가 색다른 무언가를 보면서 걸을 수 있는 인사동 골목길의 자연스런 연장선 상에 있다는 것이다. '전통문화의 거리'로 지정된 인사동길은 작은 골목길인 청석골길, 어름골길 등 여러 길들로 이어져 있다. 건축가는 이런 인사동 골목길의 연결에서 그 건축적 실마리를 찾아 일반적인 닫힌 형태의 건물을 만들기보다는 '길을 연장하자'[2) 는 개념을 잡았다. 결과적으로 인사동길에서 열려 있고, 여기서 완만하게 돌아 올라가는 산책로로서의 쌈지길 건물을 설계했다. '건물'의 관점에서 '길'의 관점으로 전환하면서 인사동길가에서 보이는 것은 막힌 대형 건물이 아니라 거리와 소통하며 연장되는 길 구조물이 된 것이다. 쌈지길의 1층인 '첫걸음 길'에서는 중정을 세 면에서 둘러싸고 상가들을 배치했으며, 각 모서리 부근에 계단실, 엘리베이터, 화장실 등을 두었다. 입구 부근에 대형 계단이 있으며, 이 계단을 오르면, 2층인 '두오름 길'이 시작된다. 여기에서부터 약 1/25 정도의 완만한 경사를 가진, 오픈 테라스와 복도가 복합된 길인 '두오름 길,' '세오름 길,' '네오름 길'이 옥상정원인 '하늘정원'까지 연결된다. 이런 오름 길을 따라 작은 수공예품 가게들이 오밀조밀 있으며, 찻집과 음식점도 있다. '아랫길'인 지하 1층에는 갤러리 쌈지가 있는데, 여기에는 공예품을 보고 사는 것 외에 직접 만들며 노하우를 배울 수 있는 작업장도 있다.

쌈지길의 '오름길'은 경사로[ramp]가 연속적으로 이어지는 구조이다. 경사로를 건물 내부에 적극적으로 도입한 원조 건축가로는 르 코르뷔지에[Le Corbusier, 1887-1965]를 들 수 있다. 그는 여기서 한발 더 나아가 필로티, 경사로, 옥상정원 등을 활용하는 '건축적 산책로' 개념을 제시했다. 그리고 그는 빌라 사보아[Villa Savoye, 1928-1931]에서 건축적 산책로 개념을 실제로 구현했다. 이곳에서는 대문을 거쳐 자연을 감상하며, 건물의 필로티 밑에 있는 건물 입구를 지나, 경사로를 따라 오르면서 건물의 내부공간과 창문 너머의 외부공간을 입체적으로 체험할 수 있다.

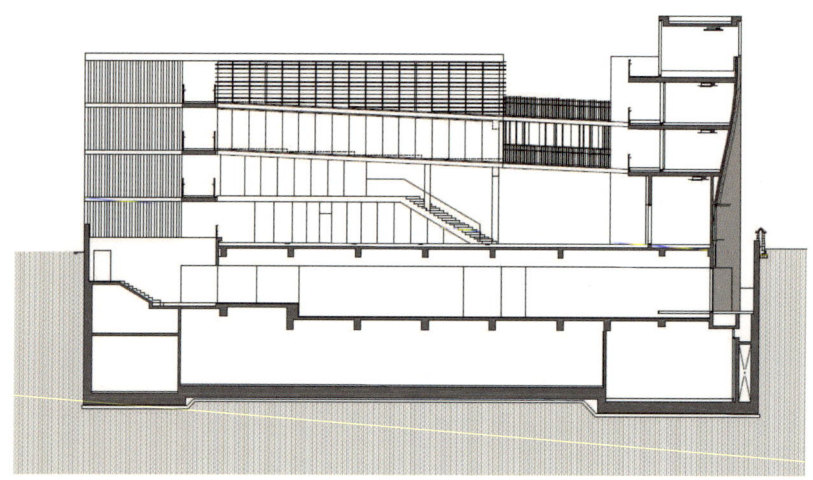
완만한 경사로가 표현된 쌈지길 횡단면도 ⓒ가아건축

최종적으로는 옥상정원에 이르는 과정도 경험할 수 있다. 사람들이 집 안팎의 경사로를 따라 오르며 보는 공간의 장면은 연속적으로 변한다. 그들은 자연 공간과 건축공간을 번갈아 경험하는데, 이것은 건축가가 세밀하게 산책의 시나리오를 공간적으로 연출한 결과이다. 쌈지길에서도 르 코르뷔지에가 건축적 산책로의 요소로서 활용했던 필로티, 경사로, 옥상정원뿐 아니라 순환하는 동선 구조, 중정, 다리, 오픈 테라스 등 건축 장치가 다양하게 동원되었다. 쌈지길의 산책에서는 자연풍경이 아닌 인사동 거리풍경을 여러 각도에서 볼 수 있으며, 건물의 프레임 속에서 장면들이 좁아졌다 넓어졌다 높아졌다 낮아졌다 밝아졌다 어두워졌다 하는 변화무쌍한 공간 체험을 할 수 있다.

건축적 산책로를 보여주는 빌라 사보아의 외부경사로
©Heeyoon Moon

빌라 사보아의 내부경사로
©Heeyoon Moon

순환하며 이어지는 오밀조밀한 구경거리

　건축가는 쌈지길 설계 시에 크게 해결해야 할 두 가지 이슈를 안고 있었다. 하나는 인사동길에서 그 길이가 가장 길고 또 규모가 가장 큰 건물을 어떻게 기존의 오밀조밀한 주변 길가 건물들 분위기와 맞출 것인가 하는 것이었다. 다른 하나는 소비자들이 상업 건물에서 어떻게 인사동의 문화적 분위기를 느끼며 자주 찾고 싶어 하도록 유도할 것인가 하는 것이었다. 이런 두 가지 이슈를 한 번에 해결하는 안으로서 건축가는 순환하는 구경방식을 고안해 냈고, 이런 아이디어는 결과적으로 대단히 성공적이었다. "쌈지길은 상업 건물들이 많아요. 기본적으로 장사가 잘돼야 해요. 보통 1층에 사람들이 몰리지만 2층엔 사람들이 없죠. 그래서 우선 어떻게 하면 사람들이 2층 위로 올라가게 할까, 생각했어요."[3) 쌈지길은 이런 인사동 길가 풍경을 건물 중정으로 끌어들여 약 500m 정

뉴욕 구겐하임 미술관 (프랭크 로이드 라이트 설계)의 나선형 경사로 전시방식 ©김란수

오모테산도힐즈 (안도 다다오 설계)의 경사로 형 순환 방식 ©김란수

오모테산도힐즈 (안도 다다오 설계)의 경사로 형 순환 방식과 전면의 X자형 에스컬레이터 ©김란수

도의 길을 순환하는 경사로로 연장시켰다. 쌈지길은 경사로, 즉 기울어진 바닥판을 주요 구조로 한다. 이곳에서의 산책은 구체적으로 보자면 경사로가 연속적으로 이어지는 나선형 구경 방식으로 이루어진다. 이런 나선형 구경방식을 취한 대표적인 건축물로는 프랭크 로이드 라이트 Frank Lloyd Wright, 1867-1959가 설계한 뉴욕 구겐하임 미술관 Solomon R. Guggenheim Museum, 1956-1959을 들 수 있다. 이 구겐하임 미술관은 나선형 경사로를 활용한 연속적인 전시 방식과 그 중앙의 압도적인 아트리움 공간의 결합으로 강한 인상을 준다. 나선형 건축물이 등장할 때면 항상 대표적으로 언급되는 이 미술관은 그 유명세만큼이나 악평을 많이 받은 건축물이기도 하다. 건축가는 나선형 경사로에 전시공간과 복도를 같이 넣었고 관람객은 경사도가 있는 삐딱한 상태에서 회화 작품을 감상해야 한다. 그뿐 아니라, 작품을 감상하는 사람은 그 뒤에 경사로를 내려가는 (미술관에서는 일반적으로 승강기를 타고 최상층으로 올라가서 걸어서 내려오면서 각 전시를 감상한다.) 사람들의 계속되는 흐름으로 작품 감상에 집중할 수 없다. 중앙의 대형 아트리움 천창에서 비추는 밝은 빛은 회화작품 보존에 해로우며, 1층 로비에서 올라오는 소음 또한 작품 감상을 방해한다. 그래서인지 전시 건물인 경우 요즘에는 나선 형태의 경사로는 전시 공간보다는 주로 복도와 같은 이동 공간으로 활용된다.

반면에 상업 건물에서 나선형 구경방식은 지면에서 옥상까지 소비자들을 자연스럽게 끌어올리는 수단이 될 수 있다. 여기에는 완만히 오르며 순환하는 산책로를 따라 다종다양한 공예품을 파는 쇼윈도형 상점들이 이어져 있다. 인사동 기존 화랑에서는 일부 한정된 고객들만이 구입할 수 있는 고가의 예술품이 있다면, 쌈지길에서는 일반 대중들도 쉽게 구입할 수 있는 소소한 공예품들이 많다. 따라서 쌈지길을 걸으며 상점의 진열품을 보는 사람들은 한국의 젊고 실험적인 공예문화를 쉽게 접할 수 있고 또 구매할 수도 있다. 다시 말해 방문객은 공예품을 감상하는 관람객인 동시에 그것을 구매하는 소비자이다. 4평에서 8평 사이의 소규모 상점들의 각 내부 실들의 바닥은 평평하며, 바깥의 경사진

길과 레벨이 비슷한 지점에 각각의 출입문을 놓았다. 따라서 건물 네 면의 경사도는 조금씩 다르지만, 이 경사로들은 사람들이 쇼윈도 안에 있는 아기자기한 공예품을 보느라 바닥 차이에 대해서는 거의 신경 쓰지 않을 정도의 완만함을 유지하고 있다. 이런 완만한 경사로는 계단을 오르내릴 수 없는 노약자나 장애인도 이용할 수 있는 장점이 있다. 결과적으로 쌈지길은 인사동길과의 개방적인 연속체로서 사람들이 구매하는 것뿐만 아니라 만나고, 즐기고, 쉬는 장소가 되었다.

쌈지길을 완공한 해인 2005년은 오모테산도힐즈 表参道ヒルズ, Omotesando Hills 가 완공된 해이기도 하다. 안도 다다오$^{Tadao\ Ando}$가 설계한 이 건축물은 쌈지길과 마찬가지로 경사로가 연속적으로 여러 층 이어진 구경방식을 취하고 있다. 오모테산도힐즈는 1927년에 지어진 낡은 콤플렉스형 아파트를 대체하기 위해서 지어졌고, 오모테산도 거리는 파리의 샹젤리제 가로수길^{boulevard}과 같이 도쿄의 대표적인 가로수길이다. 이 거리에 면한 대지가 상업지역으로 바뀌면서 기존 아파트는 고가의 물품을 파는 부티크나 갤러리로 대부분 바뀌었고, 결국 1990년대에 주거의 기능이 10% 미만이 된 이곳을 쇼핑몰로 신축하기로 결정하였다. 이 설계를 맡은 안도는 약 250m 정도 뻗어 있었던 기존 건물이 면한 가로수길 분위기를 보존한다는 취지에서 신축 건물의 높이를 기존 가로수보다 높지 않게 설계했고, 또한 기존 아파트 일부분을 수선하여 남겨놓았다. 따라서 새로 신축한 상점가^{mall} 건물은 삼각형 형태의 주 건물과 서쪽의 일자형 건물이 이어진 형상이다. 삼각형 평면의 주 건물은 지하 3층에서 지상 3층까지 경사로로 계속 이어지는 구경방식을 취하고 있으며, 그 삼각형의 중앙에는 천창이 씌워진 계단식 아트리움이 있다. 이 아트리움은 계단식 대강당의 역할을 하는 동시에 여섯 개의 전체 층을 감싸 도는 경사로로 둘러싸여 있다. 이 한쪽 끝 면에는 다섯 층을 연결할 수 있는 에스컬레이터가 X자 형태로 있어서 다이내믹하고 막힘없는 강한 인상을 준다. 오모테산도힐즈에는 130개의 가게와 38채의 아파트가 입주해 있다고 한다.

인사동길에서 본 쌈지길 ⓒ김란수

　쌈지길에는 90여 개의 가게가 입점해 있으나, 이곳의 가게들은 명품 브랜드 상품을 파는 오모테산도힐즈 상점과는 다르게 소규모의 아기자기한 공예 또는 디자인 전문점이다. 명품 숍 위주의 오모테산도힐즈는 유리와 대리석, 그리고 금속 마감인 역동적인 X자형 에스컬레이터와 현란한 아트리움 천창의 조명 등으로 다소 차가우면서 럭셔리한 분위기를 보인다. 반면에 쌈지길 설계에서 건축가는 쌈지길 건물이 인사동 주변 분위기와 친근하게 어울릴 수 있는 건축 마감과 디테일을 고려했다. 건축가는 인사동에 있는 거의 모든 건물의 내외부 재료를 정리하고 사용 가능한 재료 목록을 만들었다. 여기서 선택된 재료는 대부분 자연 재료이거나 새료 고유의 색을 가진 것으로 한정했고, 이것을 기본으로 상점 인테리어 지침을 만들었다. 건물 구조는 철근 콘크리트이지만 노출 콘크리트가 압도적으로 보이지 않을 정도로 자제했고, 외벽에는 노출 콘크리트 외에도 전벽돌, 목재 루버와 목재 판벽 등의 자연스럽게 노후화되는^{aging} 재료들을 썼다. 특히 파면으로 된 전벽돌 반토막 치장쌓기를 한 외벽에서는 전통적인 수공예성과 오래된 느낌이 난다.

쌈지길의 전경(2016) ©Heeyoon Moon

쌈지길의 중정을 둘러싼 상층부 모습(2016) ©Heeyoon Moon

감성적 스토리텔링이 있는 커뮤니케이션 건축

쌈지는 순우리말로 '담배, 돈 등을 싸서 가지고 다니는 작은 주머니'를 의미하며, 이 단어에서 작은 것, 예전 것, 정겨운 것, 소탈한 것 등의 정취가 느껴진다. 2층에서 옥상까지 완만한 경사로로 된 쌈지길 건물 자체는 단순 명쾌한 대형 구조물이지만, 건물 로고와 안내판, 발랄한 인테리어 장식품들, 오밀조밀 밀집해 있는 소상점들, 전통이 현대적으로 번안되고 여러 개성이 혼재해 있는 각양각색의 수공예 상품들로 인하여 이 건물은 방문객에게는 정겨운 느낌으로 다가온다. ㈜쌈지길의 부도 이후에 이곳을 인수한 ㈜은성그룹 산하의 ㈜인사사랑은 '국내 디자이너나 작가로서 전통의 감성이 살아있는 수공예적인 것'[4] 을 파는 브랜드를 우선시하며, 입주 대상에서 기존 인사동의 주 업종인 화랑, 고미술, 민예품 관련 업체는 제외시켰다. 그들은 인사동 전통 상권과 차별화된 우리 문화상품에 대한 감성적 재해석과 스토리텔링이 있는 쇼핑공간을 목표로 하며, 신진 독립 디자이너들을 우선시했다.

쌈지라는 단어에서 오는 전통의 소탈한 정취를 기업의 공간 운영상 전략으로 삼은 쌈지길은 구축체로서의 건축을 넘어서서 로버트 벤투리$^{\text{Robert Venturi, 1925-}}$ 가 주장하는 '커뮤니케이션^{communication} 건축'[5] 으로서 성공한 예라 볼 수 있다. 벤투리는 1968년에 라스베이거스 스트립$^{\text{Las Vegas Strip 6)}}$ 의 건축 풍경을 연구하여 '라스베이거스의 교훈'이라는 글을 발표했다. 이 글에서 그는 장소를 만들기 위해서는 근대건축에서 중요시한 구조, 형태, 빛이라는 순수한 건축의 삼요소와는 다른 차원인 커뮤니케이션 요소를 제안했다. 중세도시의 좁은 거리에서는 빵집의 문과 창문을 통하여 실제 케이크를 보고 냄새를 맡음으로 사람들은 구매하고자 하는 욕구를 느낀다. 중동 시장에서는 간판이 없어도 좁은 통로를 따라 진열된 상품을 가까이서 볼 수 있는 근접성을 통해 소비자를 설득한다. 반면에 도시의 대로인 라스베이거스 스트립에서는 차로 운전하며 지나가는 소비자들을 설득하기 위한 수단으로서 현란한 간판들이 동원되었다. 간판들에는 차로 달리는 빠른 속도에서도 파악할 수 있는 어구, 그림, 조각, 조명 등 복잡하게 결합된 미디어를 사용하고 있다. 이 글은 벤투리의 「건축의 복합성과 대립성」 Complexity and Contradiction in Architecture, 1966 저서와 함께 기존의 기능적이고 구축 위주의 근대적인 세계관을 포스트모던의 세계관으로 그 건축적 패러다임을 전환시키는 데에 중요한 역할을 했다. 벤투리는 장소 만들기와 소통의 건축을 위해서는 건축 자체의 표현 형태에 치중하는 '오리'와 같은 건축을 지양하고 복합적이고 상징적인 장식으로 치장된 단순 구축물인 '장식 헛간'decorated shed의 필요성을 강조했다. 다시 말해, 그는 건축가의 구축 의도를 강조한 건축보다는 대중의 구매 의욕을 설득하는 소비자 관점에서의 건축 필요성을 역설했다.

    1960년대에 주장한 벤투리의 '장식 헛간' 이론은 후기 산업 사회에서의 건축적 성공은 순수한 구축 표현보다는 대중의 정서적인 공감을 얻을 수 있을 때에 가능하다는 것을 보여준다. 대략 1,200평인 쌈지길은 국내외 방문객이 많이 찾는 인사동의 대표 관광명소가 되었고, 그래서 사람들이 인사동에서 자연스럽게 들르는 공공의 장소로 인식하고 있다. 렘 콜하스Rem Koolhaas, 1944-가 설계한 뉴욕 프라다 매장인 에피센터Epicenter는 극소수만이 이용하는 명품 매장이라는 기존의 이미지를 탈피하여, 쇼핑 공간인 동시에 갤러리와 퍼포먼스가 열리는 복합문화공간을 유도했다. 이곳에 대중이 모일 수 있는 공공공간을 두어 소비자와의 상호소통을 유도하며, 결국 프라다 기업이 새로운 문화를 창출하는 '진원지'epicenter라는 선도 이미지를 구축하려 했다. 이런 의도적이고 여전히 대중에게는 우월적인 에피센터와는 다르게 쌈지길은 친근한 소통방식으로 공공의 쌈지길이라는 인식을 준다.

그라피티와 장식화의 폐해

쌈지 단어에서 느껴지는 아늑한 분위기는 건물의 로고와 안내판, 각양각색의 수공예 상품들뿐 아니라 '사랑의 담장'에 붙어있는 수많은 메모에서 더 인상 깊게 느낄 수 있다. 사람들은 돈을 내고 쌈지길 사랑의 담장에 그들 나름의 사랑에 관한 메모를 남긴다. 그들은 쌈지길에 자신들이 다녀간 자취를 남김으로써 그들 무의식중에 쌈지길에는 자신들 소유도 일부 있다는 정서적인 행복감과 추억을 갖는다. 이것을 넘어서서 어떤 이들은 불법적인 낙서도 쌈지길에서는 허용될 수 있다는 막연한 환상을 갖는 듯하다. 예전에는 빼곡히 차 있는 작은 낙서들까지도 쌈지길의 낭만적인 분위기의 일부로 인식되었으나, 현재에는 과격하게 보이는 그라피티^{Graffiti}까지 등장하면서 이전의 아기자기한 정겨운 분위기는 변하여 좀 사나와지고 있다.

그라피티는 '긁어서 그린 그림 또는 긁어서 쓴 글씨'를 의미하는 이탈리아어 그라피토^{graffito}의 복수형으로 그 유래는 고대의 동굴벽화나 이집트 상형문자로 거슬러 올라갈 수 있다. 그러나 현재에 흔히 그라피티라고 지칭하는 단어는 1960년대 말 뉴욕 브롱스 빈민가에서 시작된 것으로, 주로 교통 시설물이나 구축물 벽면과 기둥에 스프레이 페인트로 거대한 그림 또는 글씨 등을 그리는 것을 가리킨다. 그라피티가 예술작품으로서 갤러리에 전시되거나 힙합 문화의 일부로서 인정받는 경우도 있으나, 현재 서구 대도시에서는 허락받지 않고 몰래 그린 그라피티가 도시 경관을 해치는 경우가 빈번하게 발생하고 있다. 쌈지길에서의 그라피티도 마치 우리 연못에 외래의 황소개구리나 베스 물고기가 등장한 분위기를 연상시킨다.

건축가 아돌프 로스$^{Adolf Loos, 1870-1933}$는 당시 서구 유럽 여러 나라에서 가구, 인테리어, 건축, 도시 시설물 등을 포함하는 토탈 디자인$^{total design}$으로서 유행했던 아르 누보$^{Art Nouveau}$의 수공예 장식에 반대하며 "장식과 죄악" [7] 이라는 에세이를 발표했다. 그는 이 글에서 장식의 사례로서 문신과 낙서를 들면서 이것들을 죄악의 상징물로 간주하며 근대건축에서 터부시하여야 함을 주장했

쌈지길 내부 벽 낙서
©Heeyoon Moon

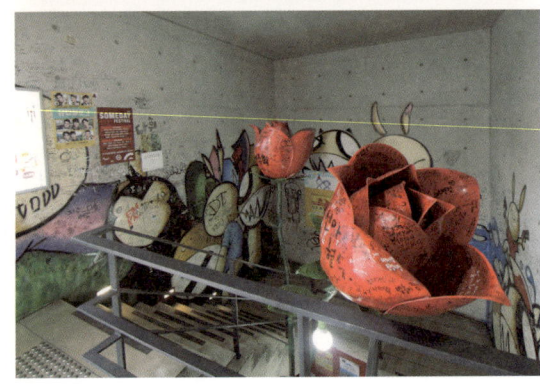

쌈지길 계단실 벽 그라피티
©Heeyoon Moon

다. 그에 따르면, 뉴기니 섬의 파푸아 사람들은 도덕관념이 없기 때문에 사람들을 죽여서 잡아먹거나, 자신의 몸에 문신을 하고, 물건들에 문양을 그려도 범죄자가 아니지만, 몸에 문신을 한 현대인은 범죄자이거나 퇴폐적인 사람으로 간주했다. 그리고 수감 중인 범죄자의 80%가 문신이 있으며, 문신이 있지만 아직 수감되지 않은 사람은 잠재적 범죄자라는 것이다. 또한 최초의 장식은 에로틱한 발단에서 시작되었으며, 성적인 상징들을 벽에 낙서하는 현대인 역시 범죄자이거나 퇴폐적인 사람이라는 것이다. 그에 따르면, 화장실에 낙서하는 정도로서 그 나라 문화 수준을 파악할 수 있다. 이런 논리로 그는 문화적으로 진화된 척도는 일상 물건에서 장식을 없애는 정도와 비례한다고 보았다. 장식하는 것은 국가 경제 차원에서 볼 때 노동력, 돈, 재료를 낭비하게 하는 범죄행위

쌈지길 기둥 모습 ⓒ김란수   쌈지길 사랑의 담장 ⓒ김란수

이며, 장식의 결핍은 지적 능력의 신호로 볼 수 있다는 것이다. 장식에 신경 쓰지 않음으로써 다른 예술 분야를 미지의 차원으로 끌어올릴 수 있으며, 다른 것들을 발명하는 데에 집중할 수 있다고 그는 주장했다. 이런 그의 극단적인 합리주의 주장은 그 지나친 면에도 불구하고 장식이 없는 백색의 근대건축을 형성하는 데에 선구적으로 기여했으며, 또한 르 코르뷔지에가 주장한 '삶을 위한 기계'로서의 건축 개념에 영향을 주기도 했다.

　설계자인 최문규는 "건축가들은 관념을 현실적인 공간으로 구현해야 하며, 그 사이 간극은 사실 넓다."[8] 라고 말했다. 그러나 쌈지길에서는 현실적인 공간 구현이 끝이 아니라 건축물이 마치 살아서 변모하듯이 대중에 의해 변모하고 있다. 2005년 준공 직후의 쌈지길의 사진을 보면 건축가는 여러 이벤트를 수용할 수 있는 중정과 이것을 여러 층에서 구경할 수 있는 다층화된 경사로서 중성적이고 비어있는 건축을 설계했다. 그러나 현재의 쌈지길은 소비자 중심의 소통하는 감성적 건축물로 변모했고, 덧붙여진 장식, 간판과 낙서 등으로 퇴폐화되는 경향도 보인다. 앞으로도 쌈지길이 대중과 소통하는 커뮤니케이션 건축의 좋은 예로서 계속 남는 데에는 주최 측과 각 상점이 건축물의 원형을 유지하고자 하는 의지와 실천이 중요하다. 그러나 무엇보다도 쌈지길을 방문하는 불특정다수인 대중이 수준있게 사용하는 것이 요구된다.

설계 최문규 / 가아건축사사무소
위치 서울특별시 종로구 인사동길 44
규모 지하 2층, 지상 4층

1) "최문규 강연: 송·실대 학생회관," Forumnforumn_라운드어바웃, 2014.04.02.

2) "쌈지길", 건축세계 2005.12, p.124

3) "건축가 최문규" 네이버캐스트, navercast.naver.com

4) 조관우 기자, "인사동 '쌈지길' 탐방-작가주의 중심 패션 컨텐츠로 진화," Fashion Insight, 2010.09.27

5) Robert Venturi 외 2인, Learing from Las Vegas, MIT Press, 1977, pp.3-72

6) 라스베이거스 스트립 (Las Vegas Strip)은 라스베이거스대로의 약 6.8 km 뻗어 있는 남쪽 부분이며, 이 대로변에는 최대 규모뿐 아니라 세계적으로 유명한 리조트 호텔과 카지노가 밀집되어있다.

7) Adolf Loos, "Excerpts from Ornament and Crime" (1908), in Programs and Manifestoes on 20th-Century Architecture, by Ulrich Conrads (Editor), Michael Bullock (Translator), MIT Press, 1975, pp.19-24

8) 앞의 책

테티스 Tethys

트랜스포머와 같이 변신할 것 같은 외관

그리스 신화에 나오는 바다의 여신의 이름이기도 한 '테티스' 건물은 강남구 청담동에 있다. 배우 고소영이 건축주로 잘 알려진 이 건물의 이름을 그녀가 직접 지었다고 한다. 코믹하고, 변신할 것 같은 모습을 한 이 건축물은 또한 '트랜스포머Transformer'라는 별명으로 불리는데, 보는 이에게 즐거운 상상을 일으킨다. 외벽의 주재료는 노출 콘크리트인데, 노출 콘크리트 건축물이 일반적으로 중성적이고 미니멀해서 조용해 보이지만, 이 건물은 곽희수 건축가의 이미지 드로잉에서 보듯이 건물에 붙은 하나하나의 매스 형태들이 모두 제각각이며, 다 나름의 소리를 내는 형상이다. 건축가는 "비대칭적 건물의 모양으로 설계한 것은 청담동이라는 동네가 상업 대로변과 함께 꼬불꼬불 골목길이 함께 있다는 점에서 착안한 것"이라며 "대로와 골목길이 주는 이질감과 혼란스러움을 건물에 표현하려고 했다"[1] 라고 디자인 의도를 설명했다. 건축물의 앞모습, 뒷모습, 양 옆모습은 모두 달라서 첫눈에는 건축 질서가 없는 것처럼 보인다. 그러나 자세히 들여다보면, 이것은 건축가가 치밀하게 고심하여 의도한 형태임을 알 수 있다. 건물의 중심 매스는 일정한 두께로 된 콘크리트 판이 'ㄹ'자로 부드럽게 말아 올라간 형태이며, 5층은 ㄹ자의 윗부분인 ㄱ 사이 공간에, 2-4층은 ㄹ자의 아랫부분인 ㄷ 사이의 공간에 해당된다. 건물 중심 매스와는 대조적으로, 부차

조명이 켜진 테티스의 저녁 전경
ⓒ이뎀건축사사무소

테티스의 낮의 전경
ⓒHeeyoon Moon

테티스 외관 스케치 ⓒ이뎀건축사사무소

적으로 돌출된 사각 매스들은 그 모서리들의 각이 살아있으며, 건물 정면 도로를 향해 모두 열린 방향성을 가지고 있다. 건물 중심 외벽에서 돌출된 매스는 크게 세 개이다. 먼저, 건물 정면에 붙은 매스는 2층 발코니로 만들어졌고, 건물 측면 중간에 붙은 매스는 3층 공간과 4층 발코니로 사용된다. 정면 도로를 향해 튀어나와 있는 최상층 매스는 승강기 기계실과 주 계단실이 있는 옥탑 층을 감싼 부분이 된다.

 본 건물의 외벽은 노출 콘크리트로서 그 위로 덧입힌 마감이 따로 없고 그래서 자칫하면 삭막해 보일수 있음에도 불구하고, 건물 형태 자체가 재미난 이야기를 들려주는 것과 같은 인상을 준다. 이런 효과를 위해서 건축적인 다양한 시도들이 있었다. 첫째, 일정 두께의 판이 'ㄹ'자 형태로 부드럽게 말아 올라간 주

경사로에서 반 층 올라가 진입하는 테티스 주 계단과 송판 무늬결이 보이는 노출 콘크리트 캐노피 ©Heeyoon Moon

매스와는 대조적으로 각이 진 세 개의 사각 매스는 대조된다. 둘째, 2층 이상의 매스는 1층의 필로티 기둥 위로 떠 있는 느낌이다. 이런 부양된 모습은 해가 지고 건물 내부 조명이 켜져서 1층의 쇼윈도가 투명하게 비어보일 때에 더 확실히 드러난다. 테티스의 저녁 전경과 낮의 전경 사진을 비교해보자. 1층 내부조명이 켜지면 건물이 로봇이 되어 하늘로 날아갈 것 같은 느낌이다. 셋째, 건물의 주재료는 모노톤의 노출 콘크리트지만, 건축가는 포인트가 될 만한 요소에는 매끈한 면의 일반 노출 콘크리트 대신에 송판 무늬결을 살린 노출 콘크리트로 마감했다. 위에서 말한 세 개의 사각매스 역시 송판 무늬결로 마감되었다. 그뿐 아니라 건물 정면에 붙은 매스의 발코니 하부 부분은 출입구 캐노피의 역할도 동시에 하는데, 이 부분 역시 송판 무늿결을 입구 안쪽으로의 진행 방향으로 하여 자연스럽게 건물 내부로 사람들을 유인한다. 마지막으로, 노출 콘크리트 면에 원형 혹은 사각의 열린 구멍을 뚫어 건물의 분위기를 즐겁게 보이게 했다. 출입구 캐노피에는 크기가 다른 원형의 커다란 구멍들을 두는 디자인을 했

옥탑층을 감싼 사각 외피와 사각 창 ⓒ김명규

원형 개구부가 있는 지하주차장 내부 ⓒHeeyoon Moon

지하 2층과 2층으로 가는 직선 계단과
지하주차장 외벽 원형 개구부 ⓒHeeyoon Moon

테티스 2층의 기울어진 기둥과 발코니
©Heeyoon Moon

고, 이 구멍들에는 조명이 설치되어 밤에는 환한 원형을 보인다. 그리고 지하 2층의 선큰 옥외공간 데크 위로 보이는 지하 1층 주차장 벽에 여러 개의 원형 개구부를 뚫어 주차장의 환기와 채광도 돕는 동시에 외부 벽의 디자인 요소로도 활용했다. 옥탑 매스가 있는 측면 전체 벽을 이 송판 무늿결로 마감했고, 이 벽 전체 면과 옥탑 매스 전체 면에도 작은 사각의 개구부를 산발적으로, 또 몇 개는 돌출되도록 뚫어놓았다. 이 입체적인 사각의 개구부와 평평한 사각의 개구부가 섞여 있는 벽에서도 건물 매스 구성과 마찬가지로 움직이며 모양이 변할 것 같은 '트랜스포머'의 느낌을 받는다.

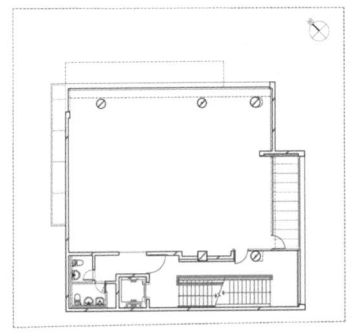

테티스 2층 평면도 ©이뎀건축사사무소

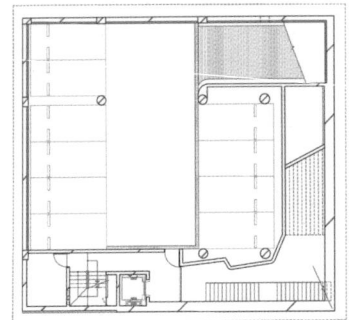

테티스 지하 1층 평면도 ©이뎀건축사사무소

테티스 선큰 계단 ©Heeyoon Moon

과격한 외부 형태와 대조되는 정돈된 내부 공간

외부에서 보이는 건물의 과격한 형태와는 다르게 각층 평면 모양은 정형이며, 건물의 공간 기능들도 각 평면에서 정돈되어 있다. 지하 주차장이 있는 지하 1층 평면도의 주차배치에서 나타나듯이, 건축가는 지상에 주차를 허용하지 않고, 요구되는 주차 대수를 지하 1층 한 층에서 모두 해결했다. 지하 1층 평면도에서 효율적인 주차배열을 위한 기둥 위치와 건축에서 소위 '코어'라고 하는 엘리베이터, 계단과 화장실이 있는 공간이 잘 정돈되어 있다. 효율적인 평면 배치에도 불구하고 본 건물은 층마다 발코니와 같은 옥외공간을 확보하고 있어 여유로워 보인다. 강남의 비싼 지가로 인해 주변의 다른 건물들은 최대한의 실

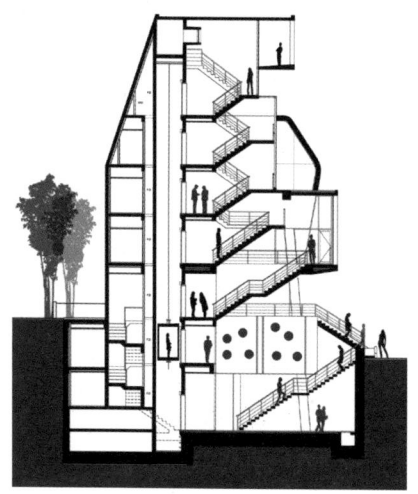
계단 동선이 보이는 테티스 단면도 ⓒ 이뎀건축사사무소

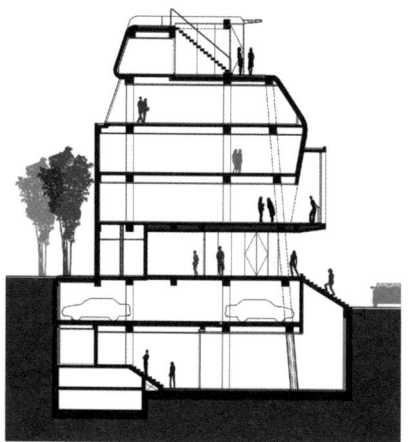
지하주차장과 옥상정원이 보이는 테티스 단면도
ⓒ 이뎀건축사사무소

내 임대면적을 확보하는 것에 맞추어 설계되었고, 결과적으로 이런 매끈한 입면을 가진 건물에서는 바람 쐴 옥외공간이 부족하다. 반면에, 테티스에는 층마다 어느 정도의 옥외공간이 있다. 지하 2층에는 선큰 가든$^{sunken\ garden}$, 1층에는 너른 옥외 데크, 2-4층은 층마다 발코니, 그리고 5층은 발코니와 더불어 사적인 옥상정원을 가지고 있어서, 거주성이 쾌적한 편이다.

여러 소리를 내는듯한 외부 이미지와는 다르게, 건물 내부 디테일에서는 군더더기가 없이 미니멀한 디자인으로 설계되었다. 특히, 계단 형상 자체를 디자인 모티브로 삼기 위해 계단의 구조와 난간은 미니멀한^{minimal} 디테일을 취하고 있다. 지하 2층으로 내려가는 직선 계단과 옥탑 층으로 올라가는 계단은 모두 일직선 형태로 한쪽 벽에만 매달려 있는 캔틸레버 구조로 설계되었다. 다시 말해서 이 직선 계단을 받치는 부가적인 구조물은 없다. 지하 2층으로 내려가는 이런 단순한 계단 형태는 측면에서 볼 때 송판 무늿결의 노출 콘크리트 벽면에 대비되어 마치 매달린 조각물처럼 보인다. 또한 1층에서 2층으로 올라가

거리의 풍경으로 유인하는 계단 창 ©김명규

는 계단은 2층의 중앙 보에서 양쪽이 캔틸레버로 매달린 단순한 형태로 설계되었다. 이 계단 바닥 판의 단순한 사선적인 형태가 건물 정면에서 조각적으로 인지되며, 건물에 덧붙여진 세 개의 사각 매스와 함께 역동적인 느낌을 준다. 이런 미니멀한 디자인으로 된 계단은 내부공간에서는 이 건물에 온 사람들에게 올라가는 방향성을 제시한다. 지상층에서 계단이 올라가는 정면방향으로 전면유리를 두어 밝고 탁 트인 시야를 제공하며 그래서 밝은 쪽으로 올라가서 외부를 내다보고 싶도록 유혹한다. 계단의 군더더기 없고, 중성적인 디자인으로 사소한 부분이 눈에 거슬리지 않음으로 해서, 이 공간을 오르는 사람은 정면의 탁 트인 유리창을 통해 보이는 거리 풍경에 자연스럽게 집중할 수 있다.

테티스 내부 계단과 창 이미지를 보여주는 스케치
ⓒ이뎀건축사사무소

다양한 계단 설계를 통한 개방적인 접근성

강남의 많은 근린생활시설 건물들이 그 건물 현관 앞에 옥외주차장을 둠으로써 건물 정면을 가리고, 또한 골목길 풍경과 질서를 해치고 있다. 건축가 곽희수는 강남 건물들의 정면 대지와 골목길이 자동차로 점유 당해 어지러워진 거리 모습을 해결하는 하나의 방법을 본 건물 설계에서 보여주었다. 그는 건물의 1층에 주차장을 두지 않고, 대신에 필로티로 띄워 골목과 개방적으로 소통하는 외부공간을 두는 설계를 했다. 주변의 다른 건물들이 1층 면적을 최대로 하고, 또 정면에 주차장까지 두어서 좁은 골목길에서의 혼란스러움을 가중시키는 것과는 대조적으로, 이 테티스 건물에서는 1층에 너른 외부공간을 두어 공공을 배려하는 여유로움을 주었다.

스킵 플로어 형식을 취한 테티스 주출입구와 주차장 출입구 ©Heeyoon Moon

    사실상 1층 바닥 레벨은 주도로에서 반 층 정도 올라와 있고, 주차장 레벨은 반 층 정도 내려와 있는 스킵 플로어$^{skip\ floor}$ 형식을 취했다. 주차장으로의 램프는 넓고 완만하고, 입구를 가리지 않으면서도 바로 보이기 때문에 주차하는 것이 부담스럽지 않다. 또한 도로에서 1층 내부로 진입할 때에도 환영하듯이 넓게 펼쳐진 계단을 반 층 정도를 오르는 데에 심리적 부담감이 거의 없다. 이렇게 건물 1층이 주변의 다른 건물보다 반 층이 높게 설계되어 결과적으로는 상부층에서 15평 정도의 면적을 손해 보게 되었다고 한다. 그럼에도 불구하고 지하 주차장 밑에 있는 지하 2층 임대공간에 주도로에서 바로 진입할 수 있는 계단과 옥외 선큰 공간을 두어 이곳을 부담감 없이 내려가도록 설계했다. 2층으로 올라가는 계단 역시 폭이 넓은 일자형 계단으로 만들어 2층으로의 진입을 자연스럽게 유도하고 있다. 이렇듯이 지하 2층과 지상 2층으로 유도하는 계단 설계를 통하여 도로에서 아래위 상업공간으로 가는 심리적 접근성을 확대했다.

설계 곽희수 / 이뎀건축사사무소
위치 서울특별시 강남구 압구정로73길 7
규모 지하 2층, 지상 5층

1) "[아름다운 건축물①] 고소영의 청담동 100억 빌딩 '테티스'," Chosun Biz, 2011.5.18

바티_ㄹ ^{Bati_ㄹ}

건물 이름 바티_리을^{Bati_ㄹ}과 타이포그라피^{Typography}

바티_리을^{Bati_ㄹ}이란 건물 이름은 참 생소하다. 이것은 프랑스어 '바티'와 한글 'ㄹ'을 결합해서 건축가가 만든 이름이다. 바티^{bâti}는 '짓다, 건축하다'의 뜻을 가진 불어 바티르^{bâtir}의 파생어이고, 따라서 'Bati_ㄹ'은 '리을로 지어진' 또는 '리을 건축'을 뜻한다. 불어와 한글의 합성어로 된 이 건물 이름에서 한국인이면서 프랑스에서 유학을 했던 김동진 건축가의 경력이 연상된다. 실제로 건물 측면을 보면 노출 콘트리트 구조의 마구리 면이 커다란 ㄹ자와 비슷한 형상인 것을 찾을 수 있다. 건축가는 "하늘을 향해 열린 ㄴ과 땅에 화답하는 ㄱ이 맞물리게 했다" [1] 고 했는데, 이런 의도는 그가 평상시에 자주 언급하는 관계, 과정, 배려와 같은 의미와 연관 지어 생각할 수 있다. '관계'를 강조하는 김동진 건축가의 설계 접근 방향은 4.3그룹 건축가들의 그것과는 다르다. 김동진보다 윗세대인 4.3그룹 건축가들은 대부분 국내에서 건축 학교를 졸업하고 바로 실무를 익혔다. 그들은 주로 관계라는 개념의 시작점을 대상 건물의 주변 맥락에서 잡았고, 여기에 주로 전통 공간 개념을 접목시켰다. 반면에 상대적으로 젊고 유학파인 김동진은 바티_리을 건축물에서 타이포그라피^{Typography}를 건축에 응용하는 실험정신을 보여주었다.

바티_르 diagram-sol & soleil (대지와 태양) ©로디자인

길모퉁이에서 바라본 바티_르 ©Heeyoon Moon

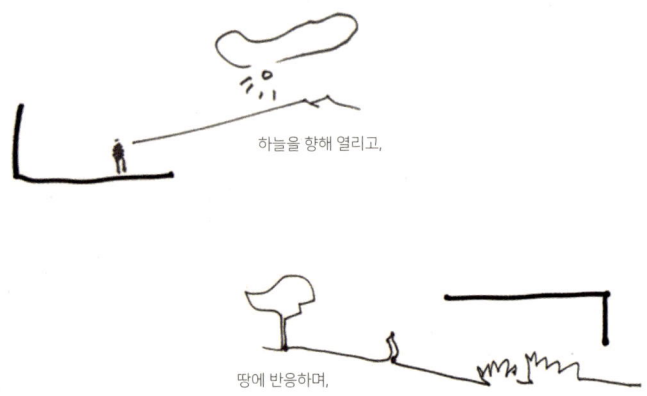

타이포그래피를 적용한 바티_ㄹ의 건물 개념 ©로디자인

타이포그래피는 활판 인쇄술 또는 활자 서체의 배열을 의미했는데, 오늘날에는 디자인 전반에 걸쳐서 활자의 조형미를 활용하는 사례가 늘고 있다. 건축계에서는 윌리엄 모리스^{William Morris, 1834-1896}가 켈름스콧 프레스^{Kelmscott Press}를 설립하여 서적을 출판했는데, 여기에서 그는 황금 유형^{Golden type}이라는 서체를 만들어 사용했다. 중세와 근대 유럽 초기의 삽화가 들어간 원고에 쓰였던 수공예적이고 예술적인 서체에 감명을 받은 그는 여기에서 읽기 쉽고 매력적으로 보이는 서체를 선정하여 이것을 일반 활자체로 개발했다. 그 이후에 허버트 바이어^{Herbert Bayer}가 바우하우스에서 바실리 칸딘스키^{Wassily Kandinsky}, 폴 클레^{Paul Klee}, 라즐로 모홀리 나기^{László Moholy-Nagy}에게서 교육받으면서 현재에 바우하우스 서체로 알려진 타이포그래피를 디자인했다. 그 외에도 미래파, 러시아구성주의, 데스틸 등 20세기 초의 아방가르드 예술가들은 그들의 작품에 타이포그래피를 활용하기도 했다. 이런 영향으로 타이포그래피는 현대에 와서 활자체에 머무르지 않고, 의상과 예술 전반에 커뮤니케이션 디자인 요소로 확산되었다. 건축에서도 조민석 건

타이포그래피를 적용한 매스스터디의 상하이엑스포관 한국관 모형(2010) ⓒ김란수

축가가 대표인 매스 스터디가 설계한 상하이엑스포 한국관은 이런 타이포그래피가 건축적으로 얼마나 확장될 수 있는지를 보여주는 대표적인 사례이다. 상하이엑스포 한국관 설계에서는 '공간화된 기호'와 '기호화된 공간' 개념이 동시에 겹쳐진다. 여기서 공간화된 기호는 한글의 수직선과 수평선의 조합 (ㄱㄴㄷㄹㅁㅂㅋㅌㅍ ㅏㅑㅓㅕㅗㅛㅜㅠㅡㅣ), 사선(ㅅㅈㅊ), 그리고 원형(ㅇㅎ)의 획들이 형태이면서 구조 요소가 되는 건축물을 의미한다. 이런 한글의 낱자는 단순히 한글 자모가 나열되는 방식이 아니라 기본적인 기하학적 요소들이 해체되고 재구성되어 있다. 야간에는 한글 픽셀 뒤에 설치된 조명으로 외부 입면에 새겨진 문자가 강조되어 한국관은 하나의 기호, 또는 거대한 크기의 문자 메시지처럼 연출된다.

상하이엑스포 한국관에서 한글 형태는 구조적인 동시에 연속적으로 결합되어 유기적인 모습을 보이면서도 어떤 뚜렷한 단어로 읽히지 않다. 방문객은 그것 자체가 융합되는 형태와 공간을 즐기면 된다. 반면에 상하이 엑스포 한국관보다 먼저 지어진 바티_리을 설계에서 건축가는 한글 자모의 첫 두 자인 ㄱ 과 ㄴ을 활용하여 '땅에 반응하는 ㄱ'과 '하늘을 향해 열린 ㄴ'이라는 매우 철학적이며, 아주 근본적인 메시지를 시사한다. 바티_리을과 같은 규모가 작은 일상적인 근린생활 시설 건물에 비하여 땅과 하늘을 연관시킨 건물의 의미는 좀 과하다는 생각이 든다. ㄱ과 ㄴ이 결합된 ㄹ 형태의 노출 콘트리트의 형상은 실상은 바닥, 벽, 발코니 난간이 결합된 건물의 구조체이다. 그와 동시에, 이런 다이내믹한 형태의 구조체는 유리를 통해서 보이는 내부공간이 너무 훤히 들여다보이지 않도록 적당히 가려주는 역할도 한다. 지상 도로 레벨에서 볼 때 노출 콘트리트의 견고한 판 사이로 2층에서 4층까지의 유리 벽을 통해 보이는 보이드^{void}한 내부공간이 적당한 비율로 보이도록 건축가는 유리 벽의 위치를 점진적으로 내밀었다. 상대적으로 내부공간 노출이 심할 수 있는 2층에는 발코니 난간을 콘크리트 벽으로 올려서 지상층에서 훤히 들여다보이는 것을 어느 정도 차단했다. 반면에 3층의 난간은 선형 철재 바^{bar}로서 좀 더 투명하게, 그리고 4층은 유리 외벽 그대로 드러나게 두었다. 과감하게 각이 살아있는 노출 콘트리트의 선형 매스가 지상 레벨에서 투명한 유리면과 적당한 비율을 유지하면서 보이도록 건축가는 매스 스터디를 통해 그 형태를 세심하게 조정했다.

주변 도시 맥락을 반영한 바티_ㄹ 디자인 개념도 ©로디자인

바티_ㄹ 배면과 청담동 골목 ©Heeyoon Moon

고급 동네 청담동과 젊은 건축물

이 건축물 외부 모습에서는 젊은 감각이 돋보인다. 이처럼 건물이 젊어 보이는 이유는 노출 콘트리트, 벽돌, 유리, 철재와 같은 비싸지 않은 일반 건축 재료를 썼으면서도 그 색상을 무광의 무채색 톤으로 절제한 반면에, 그 전체 형태를 매우 과감하고 역동적으로 구성했기 때문일 것이다. 건축가는 세 면에 도로를 끼고 경사지에 있는 좋은 대지 조건을 최대한 활용하여 이 건물을 입체적으로 구성했다. 좁은 도로에 한 면만 면해 있는 일반적인 건물들에서는 보행자가 일부러 건물을 올려다보지 않는 이상은 건물의 1, 2층만을 인지할 수 있다. 이와는 대조적으로, 본 건물은 세 면이 경사진 도로를 면하고 있어서, 사람들은 이 건물이 어떻게 생겼는지 자연스럽게 걸어가면서 여러 각도에서 전체적으로 감상할 수 있다. 따라서 바티_리을의 역동적이고 과감한 건물 구성은 그 주변을 걷는 보행자들에게 3차원적으로 인지되는 유리한 위치에 있고, 건축가는 이런 좋은 입지조건을 십분 활용했다. 이런 입체적인 구성을 좀 더 자세히 분석해 보면, 위층으로 올라갈수록 유리 외벽 면이 점차 줄어들어 보이는 현상을 막기 위해 건축가는 역투시도법적으로 위층으로 올라갈수록 각 층 유리면을 의도적으로 더 돌출시켰다. 또한 건물 각 층 매스를 지그재그로 배치하여 각 층 유리 벽면들의 존재감을 부각시켰다. 특히 4층 매스는 그 모서리를 유난히 튀어나오게 하여 지상 도로에서 가깝게 보이도록 의도했다.

수평 구성을 하는 ㄹ자형 노출 콘트리트 매스가 두드러지는 건물 측면과는 다르게, 도로 레벨이 높은 건물 후면에서는 검은 콘크리트 수직 매스가 눈에 띈다. 건축가가 그린 이미지 드로잉에서 보듯이 이 검은색 수직 매스는 여러 개의 창으로 분절되어 있고, 우후죽순 솟아난 청담동 주변 도시 건축물 이미지를 반영하고 있다. 바티_리을 건물은 서울시 강남구 청담동에 있다. 청담동과 그 주변에는 올림픽대로, 영동대로, 도산대로, 삼성로, 선릉로 등 강남의 주요 도로가 지나고 있어 교통이 매우 편리하지만, 그럼에도 인근에 있는 압구정동과 삼성동과는 다른 분위기를 낸다. 해외 명품 상품 숍 건물, 유명 백화점, 고가의 아파트, 그리고 제각각 멋을 낸 소규모의 근린생활시설 건물들이 복잡하게 얽혀 있는 압구정동과 국내 최고의 비즈니스 타운을 형성하고 있는 삼성동과는 사뭇 다르게 청담동에는 강남에서 비교적 조용한 주택지로 아직 남아있는 부분이 많다. 이곳에는 1970년대에 영동고등학교가 신설되고, 경기고등학교가 이전해 오는 등 고교 배정 학군이 좋아지자, 주민 수가 증가했고 청담동은 강남의 좋은 주택지로 자리 잡았다. "청담동 며느리"라는 신종 유행어가 말해 주듯이, 청담동은 품위 있는 고급 동네의 상징이기도 하다. 바티_리을은 압구정동이나 삼성동의 번잡한 도시 상황을 내려다보는 청담동의 높은 언덕에 있으며, 이런 도시 맥락적인 상황을 반영한 디자인을 건축가는 이 건물의 후면에 넣었다.

소통과 여유의 환상을 주는 계단 길

이 건물의 건축주는 청담동에서 19년 동안 살던 주택을 허물고 그 자리에 새 건물을 지을 목적으로 설계를 의뢰했다. 그는 지하 1층에서 4층까지는 임대를 하고, 5층과 6층에는 자신의 사무실과 주거를 둘 계획이었다. 주택가의 이런 근린생활시설에는 단독 주거가 법적으로 들어갈 수 있기 때문에 이 건물의 예와 비슷하게 단독주택 대지에 근린생활시설 건물이 신축될 때에도 그 주택의 소유주는 계속해서 그 새로 지은 건물의 최상층에 사는 경우가 많다. 그래서 여전히 그들은 이런 근린생활시설과 동네 길에서 이웃들과 일상적으로 만나고 교류한다. 근린생활시설은 일반적으로 동네주민들이 일상생활에서 자주 이용하는 약국, 가게, 세탁소, 식당, 학원, 커피숍 등이 있는 5, 6층의 소규모 건물을 말한다. 근린생활시설인 바티_리을 설계에서 건축가는 고급 동네라는 청담동의 분위기를 반영하여 개성있는 디자인을 선보였을 뿐 아니라, 주변 이웃들을 배려하여 기분 좋게 소통하는 동네 분위기를 만들겠다는 의지를 계단 길 설계

바티_ㄹ Section Activity Diagram ©로디자인

바티_ㄹ의 계단 길 시작 부분 ©김명규

바티_ㄹ 발코니와 계단 길 ©김명규

라는 적극적인 방법을 통하여 실현시켰다.

　이런 주위 이목을 끄는 건축 조형이 강조하는 것은 단지 외피가 아니라 공간 구성을 통해 소통의 분위기를 주는 것이었다고 김동진 건축가는 강조한다. 그는 "내부공간의 수직적 관계를 보여주는 단면과 더불어 가장 염두에 둔 것은 주민이 편안하게 드나드는 공간을 만드는 것" 이라고 말했다. 그는 바티_리을 건물이 도시 내에 있는 사적인 주거지와 공공의 가로 공간 사이에서 매개 역할을 하고, 사람들 사이의 관계 맺음을 활성화하는 것을 기대했다. 그리고 이를 위한 건축적 장치로서는 계단을 활용했고, 가로와 연속되는 느낌을 주는 너른 계단 길이 건물 각층을 연결하도록 설계했다. "흔히 상가 건물에 들어가면 바로 엘리베이터 문을 만나죠. 건물은 길에서 고립되고, 각 층이 끊어져 있는 느낌입니다. 충분히 고민하면 아름다우면서도 길과 건물, 층과 층, 상점과 주민이 소통할 수 있는 주거민을 위한 근린생활시설이 가능하다는 것을 보여주고 싶었습니다." [2] 주 진입로에서 널찍하게 열어놓은 계단으로 주민들은 산책하듯이 이 건물 안으로 자연스럽게 들어갈 수 있으며, 4층까지 일직선으로 쭉 뻗어 올라간 계단을 따라 올라가다 보면 층마다 사적인 발코니가 보인다. 특히 3층 슬래브 바닥과 발코니의 철제 난간이 2층으로 올라가는 계단 위로 넓게 이어져 있어서 아래에서 보면 마치 이곳에 너른 공용 발코니가 있을 것 같은 분위기를 준다. 실상은 도로에서 느끼는 것과 같은 공공의 발코니는 없다. 또한, 외부에 완전히 개방된 계단과는 다르게 각 층 발코니는 내부공간에서만 접근 가능한 사적인 영역이다. 그럼에도 불구하고 바깥에서 볼 수 있도록 노출한 발코니 공간으로 인하여 시각적으로나마 이 공간이 주는 환상, 이를 테면 외부공기를 마시며 여유롭게 쉴 수 있을 것 같은 환상을 준다.

바티_ㄹ 안내판 ©김란수   바티_ㄹ 저층부와 안내판 ©Heeyoon Moon

   서울 강남의 대부분 근린생활시설 건물에서는 현재의 상업 이익만을 우선시하여 수익률이 좋은 저층부의 최대 면적 확보를 위한 설계에만 치중하거나 건물을 개개 상점들의 각양각색 간판으로 뒤덮는 일이 다반사이다. 이와는 대조적으로, 바티_리을 건물에서는 지상 층에 필로티를 활용한 주차장을 만들었고, 결과적으로 1층 실내 면적은 상당히 작아졌다. 또한, 건물에는 간판도 붙어 있지 않다. 다만, 건물 입구에 따로 층별 안내도 판이 세워져 있다. 이 판에는 ㄹ과 계단을 강조한 만화 같은 건물 개념도와 건물 로고가 디자인되어 있다. 이 층별 안내도 판은 그 자체가 김동진 건축가의 디자인작품처럼 보인다. 이 바티_리을은 규모상으로 작고, 용도로는 흔한 근린생활시설이지만, 건축설계, 인테리어 설계, 가구 디자인, 건물의 로고 디자인뿐 아니라 건물 이름도 재미있게 짓는, 또 그런 일들을 즐기는 만능 디자이너 겸 건축가와 이를 수용하고 잘 관리하는 안목 있는 건축주를 만나서 감상할 만한 건축물이 되었다.

설계 김동진 / 로디자인도시환경 건축연구소
위치 서울특별시 강남구 도산대로100길 24
규모 지하 1층, 지상 6층

1) 김동진의 말, "ㄱ과 ㄴ이 만나 ㄹ을 낳다 - 바티-리을," 손택균 기자, 동아일보, 2009.01.21
2) 김동진, 앞의 기사

기업 이미지를 표현한 사옥건축

SK서린빌딩, 2000	72
종로타워, 2000	86
퍼시스서울본사, 2009	96
한유그룹사옥, 2010	106

SK서린빌딩 SK Seorin Building

담백하고 힘찬 기상이 느껴지는 미스^{Mies}식 고층 구축방식

　SK서린빌딩^{이하 SK빌딩}은 서울 도심의 중심부에 있는 대기업의 본사임에도 불구하고, 건물 외관은 상업적인 화려함보다는 기업의 절제되고 확고한 위상을 표현한다. "도시를 새롭게 해석하거나 도시민에게서 새로운 언어를 강요하지도 않지만, 담백하고 힘찬 기상"[1] 이 느껴진다. 이런 느낌은 황금비에 가까운 평면을 36층까지 한 번에 올린 단순한 건물 형태와 그 매스에 어울리는 정제된 커튼월 디자인에서 온다. 이와같이 보편적이면서도 정제된 모습은 근대 고층 오피스 건물의 전형을 보여준 시카고학파의 건축 전통이 현대화한 한 형태로 볼 수 있다. 특히 이 건축물은 미스^{Ludwig Mies van der Rohe, 1886-1969}식 고층 구축방식의 맥을 잇고 있다. IIT에서 미스의 제자이거나 그의 사무실에서 건축을 익힌 건축가들을 소위 미시안^{Miesian}이라고 부르는데, 이 건물의 설계자인 서울건축의 김종성¹⁹³⁵⁻ 건축가 역시 그 중 한 사람이다. 그가 설계한 많은 건축물 가운데에서도 이 SK빌딩은 그의 시카고 IIT에서의 교육 경험과 미스 사무실에서의 실무 경험[2]이 집약된 대표적 건물이다.

　슐츠^{Christian Norberg-Schulz}는 미스가 설계한 크라운 홀^{Crown Hall}과 만하임 극장^{Mannheim Theater}의 축조 형태가 비슷한 것을 지적하며, 새로운 가능성을 실험해 보기보다는 왜 동일한 축조 방식을 반복하느냐는 질문에 미스는 다음과 같이

SK빌딩 전경 ⓒ서울건축   건설 중인 SK빌딩 전경 ⓒ서울건축

답했다. "우리는 현재에 가능한 건축술^{construction}로 의도적으로 한정시키고, 그것에 대한 모든 디테일을 명확하게 하려고 시도한다. 이런 식으로 우리는 더욱 발전할 수 있는 토대를 마련하길 원한다."[3) 그러면서 그는 고딕 성당은 같은 유형의 구조가 정교하게 발전하는 데에 300년이 걸렸다는 비오레 르 뒥$^{Violet-le-Duc, 1814~1879}$의 가르침을 예로 들었다. 그리고 건축가들이 매일 새로운 것을 발명한다면, 재미있는 형태를 발명하는 데에는 비용이 들지 않지만, 그것을 완벽하게 해결하는 데에는 무척 많은 것들이 요구될 것이라고 말했다. 특히 미스는 오피스 건물과 같은 세속적인 건물 유형은 일반적으로 적용될 수 있는 객관적이고 타당한 설계 원칙들이 있다고 여겼다. 그래서 IIT 건축대학에서 공부하

시그램 빌딩 외벽 모서리, 미스 반 데어로헤, 1958 ⓒ김란수   SK빌딩 외벽 모서리 ⓒHeeyoon Moon

는 학생들이나 그의 사무실에서 일하는 건축가들에게 그가 정립한 모듈이나 기본적인 구조 시스템을 기본적으로 습득하게 했다. 미스에게 있어서 구조는 특별한 해가 아니라 "일반적인 개념"[4] 이며, 그래서 그가 발표한 구조적 해결안은 "명확한 구조와 구축 a clear structure and construction [5] 을 실현할 수 있는 보편성이 있다고 확신했다. 이런 관점에서 그는 다른 사람들이 자신이 설계한 건물을 모방하는 것을 문제라 여기지 않았으며, 더 나아가 모든 이들이 쓸 수 있는 무엇인가를 발견하는 것이 자신들이 일하는 이유라고까지 말했다. 단지 그는 사람들이 그가 정립한 것들을 올바르게 쓰길 바란다고 말했다.

이런 미스의 관점에서 볼 때 김종성 건축가에게 자주 던져지는 미스와 미스파의 전반적인 영향에 대한 다음과 같은 그의 답변은 이해가 된다. "가르치는 활동과 겸해서 미스의 사무실에 있었다는 것이 물론 저에게 큰 영향을 주었을 것은 말할 것도 없고, 72년에 독립하면서부터도 특별히 미스와 미스파의 작품

SK빌딩 전경과 선큰가든 ©서울건축

과 고의로 다르게 만들려는 그런 의도도 가져보지 않았어요. 그 대신, 내가 만들고 있는 건물이 다른 사람들이 만들고 있는 건물과 같으냐, 같다면 그것은 옳으냐 그르냐에 대해서 많이 생각했어요. 그러나 그렇게 초조할 정도로 자기의 개성의 표현 같은 것이 급한 것 같지는 않은 것 같아요. 어떤 건물의 프로그램이라는 것에서 색다른 것이 자연히 발생한다고 나는 믿기 때문에..." [6] 김종성이 이처럼 말한 것은 1976년이었다. SK빌딩이 완공된 때는 이로부터 20년도 더 지난 1999년임에도 불구하고, 김종성은 미스 건축과 일부러 다르게 자신의 건축을 만들지 않겠다는 그의 소신을 유지했음을 SK빌딩에서 확인할 수 있다.

25층 규모의 SK빌딩 초기 계획안 ⓒ서울건축

만 12년이 걸린 우여곡절이 많은 SK서린빌딩 프로젝트

설계가 시작될 당시에는 이 건물 프로젝트명은 '서린재개발빌딩'이었으며, 최종적으로는 SK그룹사옥으로 지어졌다. 이 건물이 있는 서린구역은 1973년 재개발구역으로 지정되었고, 1976년 사업계획이 지정된 이후부터 1996년까지 15차에 걸쳐 사업계획이 변경되었다. 서울건축은 1987년 설계를 의뢰받았고, 1989년에 지상 25층 규모로 건축허가를 받았다. 그러나 터파기가 진행되던 중인 1994년에 이 지구에 대해 사업계획 변경이 이루어져서 지상 36층까지 허용되었다. 서울건축은 변경된 용적률에 맞춰서 새로운 계획안을 서울시에 제출했지만, 건설부의 반대로 진행이 중단되었고, 그런 상태로 1년 이상이 지연되었다. 이런 상황에 대처하기 위해 서울건축은 건폐율에서는 큰 변동사항이 없었기 때문에 지상 25층으로 설계되었던 기존 설계안의 골격을 유지하면서 지하 7층, 지상 36층이 되는 설계안의 실현가능성을 검토 했다. 당초의 25층 설계에서는 건물은 철골구조로서 횡력에 저항하기 위해 9m 스팬의 코어 내부의 브레이스와 12m 스팬의 모멘트 프레임이 상호작용하는 듀얼 브레이싱 시스템$^{Dual\ Bracing\ System}$으로 되어 있었다. 건물이 25층에서 36층으로 되면서 동일한 구조 시스템을 적용해서 검토했을 때 횡 변형이 과도한 것으로 나타나 추가적인 조치가 필요했다. 그 외에도 용적률 증가와 비례하여 주차대수를 수용하기 위한 공간이 더 필요하여, 지하 5층에서 지하 7층으로 설계 변경했고, 기계식 주차방식도 도입해야했다. 그러나 이미 현장에서는 흙막용 기둥이 박힌 상태였기 때문에 지하 7층 부분에는 흙막용 기둥 안쪽에 다시 기둥을 박아야했다고 한다.

 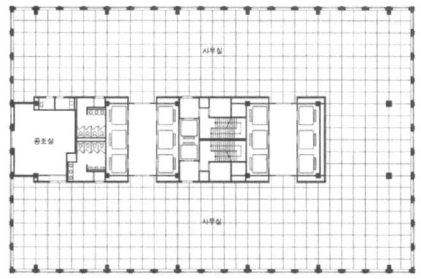

브런스위크 빌딩, 1965 ©Philip Turner   SK빌딩 기준층 평면도 ©서울건축

듀얼 브레이싱 철골 구조에서 격자튜브 철골 구조로 변경

여러 번의 변경 사항이 발생하는 역동적인 한국의 건축 여건 하에서 이론처럼 설계할 수 없는 황당한 상황이 발생하곤 한다. SK빌딩도 역시 1987년 설계를 의뢰받아 1999년에 준공을 한 만 12년이 걸린 우여곡절이 많은 프로젝트였다. 그 사이에 건축주도, 해당 구역의 사업계획도 바뀌었다. 그리고 건축가들이 심각하게 우려하는 상황인, 공사 중에 건축설계 조건이 바뀌는 사건이 SK빌딩 설계 시에도 일어났다. 이미 흙막용 기둥을 박은 상태에서 지구 사업계획 변경에 따라 서울건축은 25층에서 36층으로 설계 변경을 해야 했다. 설계안이 36층으로 변경되면서 김종성은 외벽에 격자튜브 시스템을 추가적으로 도입했고, 이런 방법이 기존 시스템을 그대로 보강하는 것보다 훨씬 경제적이라는 계산이었다. 튜브 구조는 김종성의 석사논문 지도교수인 골드스미스가 SOM의 칸과의 협업을 통해 1965년에 완공한 35층의 브런스위크 빌딩 Brunswick Building

에서 처음 선보인 구조이다. 브뢴스위크 빌딩은 철근 콘크리트 튜브 구조 reinforced concrete tube structure로서 주위 옥외공간과 도로에 개방감을 주기 위해 1층에는 기둥만이 내려오기 위해 위에서 내려오던 격자형 외벽을 없앴다. 그리고 이런 외벽의 하중을 받아 기둥에 전달하기 위해 약 7.2m 깊이의 트랜스 벽 보transfer wall beam를 설치해야했다. 결과적으로 2층 부분은 둔중한 철근 콘크리트 벽으로 튀어나와서 건물 전체 디자인이 무거워 보였다. 반면에 SK빌딩은 외벽에 3m 간격으로 작은 철골 기둥을 세우고, 이 외벽 기둥과 주 기둥을 700mm 깊이의 보로 연결하는 철골 구조로 된 격자 튜브를 외벽에 설치했다. 1층 부분에서는 브뢴스위크 빌딩 경우와 마찬가지로 도시적 맥락에서 개방성을 주기 위해 위에서 내려오던 격자형 외벽을 없앴다. 1층에는 9m 간격의 기둥만 있게하기 위해 2층의 바닥 밑의 철골 보 깊이를 1.2m로 키웠다. 결과적으로 철근 콘크리트 튜브 구조인 브뢴스위크 빌딩에서보다 이 부분을 6m나 줄였고, 외피를 훨씬 가볍고 매끈하게 해결할 수 있었다. 이렇게 슬래브와 천장 속 깊이에 해당하는 외부에서 보이는 띠면fascia 부분을 줄이기 위해, 서울건축은 이미 철골 보에서 모멘트가 덜 걸리는 위치에 덕트가 지나가도록 구멍을 뚫고 이 주변을 보강하는 디테일을 쓰고 있었다. 이런 디테일들로 보 밑 설비 공간을 절약하여 외부에서는 2층과 각 층 띠면을 줄여서 전체적으로 건물 외관은 날렵해 보이는 효과를 갖는다.

격자 튜브 철골 구조를 반영한 외피 표현

김종성이 설계한 SK빌딩은 미스와 마이런 골드스미스Myron Goldsmith, 1918-1996 7)가 정립한 기본적인 고층 오피스 빌딩 체계와 공통점이 있다. 그러나 그 건물들 각각 주어진 상황과 기술력, 디테일을 분석해 보면 구축 표현에 따른 섬세한 차이점들을 발견할 수 있다. SK빌딩의 철골 튜브 격자 구조는 사실상 알

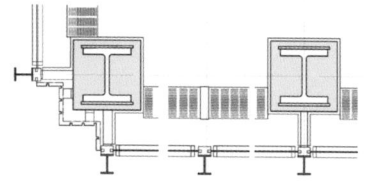
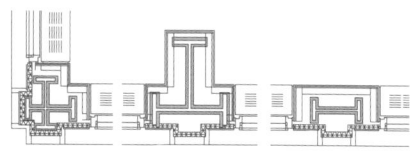

모서리 기둥을 표현한 시그램 빌딩의 외벽 상세도, 서민정 재작도

각 기둥의 존재를 균등한 멀리온으로 표현한 SK빌딩 외벽 상세도
Heeyoon Moon 재작도

시그램 빌딩 외벽 ©김란수

SK빌딩 외벽 ©서울건축

루미늄 쉬트로 피복[cladding] 되어 있지만 그 구조의 존재가 건물 외벽에 자연스럽게 표출된다. 철골 튜브 격자 구조보다는 상대적으로 가벼운 커튼월 시스템으로 외벽 구성이 된 미스의 시그램 빌딩이나 도미니언 센터에서는 모서리에서만 주 구조인 기둥의 존재를 전 층에서 확실히 드러내며 표피인 커튼월이 매달린 모습을 보여준다. 반면에 SK빌딩 외벽은 이 두 빌딩과는 다르게 횡력을 담당하는 격자 튜브 구조 시스템으로 되어 있고, 그래서 외피도 모서리 기둥이 아닌 격자 튜브 구조의 존재를 표현했다. 건축가는 SK빌딩 외벽 네 면에서 모두 균등한 격자 패턴이 이어지도록 표현하여 외벽 자체가 구조를 담당한다는 것을 드러냈다.

SK빌딩의 기준층 평면은 51m×33m로 황금비에 가깝다. 장변인 51m는 9m의 5베이[bay]에 양쪽으로 3m씩의 캔틸레버를 합한 것이고, 단변인 33m는 9m의 중앙 코어 깊이 양쪽으로 12m[8)]의 사무실 깊이를 더한 것이다. 김종성은 건물 외벽을 튜브구조로 변경하기 위해 기존 일반 철골 기둥에서 양방향성을 갖는 T자형 철골 기둥으로 바꿨고, 장변 방향에서는 기존의 평면대로 3m씩의 캔틸레버를 갖는 평면을 유지했다. 결과적으로 SK빌딩의 사각 평면에서 그 모서리 부분에는 주 기둥이 없고, 외관상으로도 모서리에서 격자형 외벽이 일정한 간격을 두고 맞닿아 있다. 3m 간격으로 있는 외곽 기둥의 두께와 700mm의 보 두께로 인하여 외벽 면이 둔탁해 보이는 것을 줄이기 위해서 외벽 면에서 75mm 돌출시킨 알루미늄의 격자 멀리온^{mullion}으로 입체감을 살렸다. 이 돌출된 멀리온은 내부에 있는 기둥과 보 사이즈를 그대로 보여주는 것이 아니라, 보에 해당하는 가로 선의 간격은 보의 길이보다 더 넓게 하고, 기둥에 해당하는 세로 선의 간격은 기둥 크기보다 더 가늘게 했다. 이런 디자인으로 외관상으로는 창 주위에 알루미늄 쉬트로 막힌 부분이 후퇴되어 보여서, 창의 일부로 인식되는 착시효과를 준다. 결과적으로 SK빌딩은 일반적인 커튼월에 비하여 창의 면적이 적음에도 불구하고, 건물을 전체적으로 볼 때는 선명한 격자 패턴이 들어간 매끈한 표피에 각이 살아있는 매스로 인지된다. 불안정한 여건 하에서도 건축적인 확고한 의지를 가지고, 그 상황에서 최선의 디테일이 되도록 연구하는 프로 정신을 김종성과 서울건축의 건축가들에게서 엿볼 수 있다. 그렇게 전념하는 가운데에서 김종성이 말한 것처럼 이전의 미스와 미스파의 건물들과는 구별되는 SK빌딩의 개성이 자연스럽게 드러났다. 또한 "우리는 현재에 가능한 건축술^{construction}로 의도적으로 한정시키고, 그것에 대한 모든 디테일을 명확하게 하려고 시도한다. 이런 식으로 우리는 더 발전할 수 있는 토대를 마련하길 원한다"라고 한 미스의 말이 SK빌딩의 설계 과정에서도 여전히 유효했다.

SK 빌딩 남측 청계천 ©서울건축

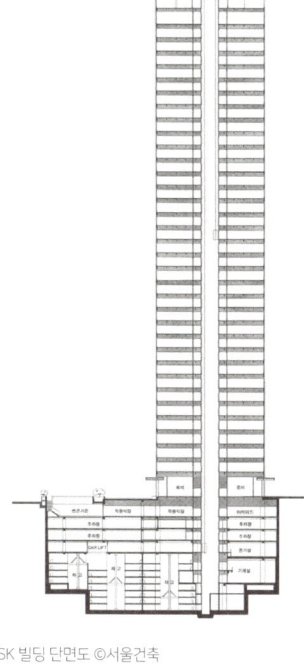
SK 빌딩 단면도 ©서울건축

정제된 건축 표현과 상충되는 바닥의 거북형상 디자인

　SK빌딩은 현재에는 북으로는 종로에서, 남으로는 청계로에서 접근할 수 있다. 87년 설계를 착수했을 당시에는 종로가 주도로였으며, 근처의 지하철역인 종각역도 종로에 있었다. 보행자가 쉽게 들어올 수 있도록 건물을 북측인 종로에 붙여서 배치하고, 대지의 남측에는 너른 옥외광장을 두고 지하주차장 출입구도 만들었다. 본 건물의 준공 이후인 2005년에 완공된 청계천복원 공사로 인하여 청계로가 활성화되었고, SK빌딩의 옥외광장을 건물 후면에 배치하여 청계로와 연계되도록 한 설계는 도시 차원에서 결과적으로 선견지명이 있는 안이 되었다. 따라서 건물 출입은 건물 전면과 후면에서 모두 가능하다. SK빌딩은 사기업

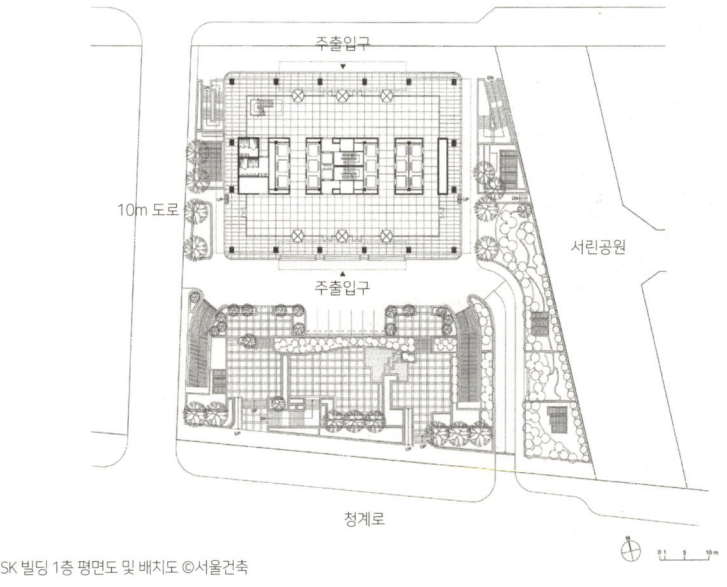

SK 빌딩 1층 평면도 및 배치도 ⓒ서울건축

의 사옥임에도 불구하고 어느 정도 공공공간을 배려하고 있다. 옥외 광장뿐 아니라, 지하 1층에는 구내식당 외에 상가가 있는 아케이드가 있으며, 4층에는 고객 접견실과 라운지를 두어 공공의 접근이 가능하다. 1층에는 로비, 2층에는 금융기관, 그리고 4층을 제외한 상층부에는 순수한 사무 기능을 하는 SK 사옥의 업무 공간이 있고, 옥상에는 직원용 옥외 휴게 공간이 있다.

건축주는 서울건축의 설계와는 무관하게 풍수지리 이론에 근거하여 거북 형상을 이 건물 1층 외부 바닥에 새겨 넣었다. 건물 정면의 외부 계단 중심에 거북 머리를 추상화한 석물을 설치했고, 건물 뒤 출입구 앞 쪽 중앙 바닥에 거북 꼬리를 추상화한 삼각형 석재 판을 넣었다. 그리고 건물 네 귀퉁이의 기둥 밑에는 거북 발을 상징하는 석물을 각각 설치했다. 이 SK빌딩 터가 청계천로를 바라보고 있는데, 크게 보자면 "북한산의 지맥이 멀리서 뻗어와 물(청계천)을 만났으니, 풍수는 '신령스러운 거북이 물을 마시는 영구음수형(靈龜飮水形)'의 형국으로 표현하며, 지기가 왕성한 터[9]라는 것이다. 따라서 거북의 형상은 이런

SK빌딩 로비 공간과 내부 계단 ⓒ서울건축

SK빌딩 선큰가든 ⓒ김명규

SK 빌딩 주출입구 계단의
거북머리 상징물 ©Heeyoon Moon

기단의 거북 발 상징물 ©Heeyoon Moon

좋은 지기를 강화해 주는 의미를 갖는다. 이 석물은 풍수이론을 믿었던 고 최종현 회장의 유지를 반영한 것으로 알려져 있으며, SK그룹의 사업번창과 무병장수를 기원한다. 특히 거북 머리에 새겨진 '천(天)' 자 문양은 고대 소설인 숙향전에서 나오는 수중동물의 왕으로서 거북을 암시하며, SK그룹이 세계 초일류 기업으로 되고자 하는 염원을 표현한 것이라 한다. 그러나 이런 상징적인 형상 표현은 기업의 확고한 이미지를 정제된 건축으로 보여주고자 한 서울건축의 설계 의도와는 상충된다.

설계 김종성 / 서울건축 종합건축사사무소
위치 서울특별시 종로구 종로 26
규모 지하 7층, 지상 36층

1) 건축가협회상 수상평, 건축문화, [뉴스]한국건축가협회상, 2000.03, p.185

2) 김종성은 서울대학교 건축학과를 2학년을 수료하고 스물 한 살의 나이에 IIT로 유학을 떠났다. 그는 1961년 IIT에서 학부를 졸업한 직후에 미스 반 데어 로에의 사무실에 들어가 1972년까지 거기서 근무하며 미스의 후반기 프로젝트에 동참했다. 또한 그는 IIT 대학원 과정을 졸업하고, 31세의 젊은 나이에 IIT의 조교수로 임명되었고, 40세에는 건축대학 부학장을 역임했다. 1980년에 동우건축을 서울건축(SAC)으로 이름을 바꾸고 서울건축의 실질적 대표가 되면서 그는 정년이 보장된 IIT 교수직을 사임하고 귀국하여 건축가로서 국내외에 많은 건축물을 설계했다.

3) Mies van der Rohe, Statements collected by Christian Norberg-Schulz, "Talks with Mies van der Rohe," L'Architectured'aujourd'hui, September 1958, p100

4) Mies van der Rohe, interview (1964) by John Peter, in The Oral History of Modern Architecture: Interviews with the Greatest Architects of the Twentieth Century New York: H.N. Abrams, 1994, p.160

5) 앞의 책

6) 김종성, "현대건축과 건축교육: IIT-현대건축교육의 한 관점," Space, 1976.08, pp.58-59

7) 골드스미스는 미시안 (Miesian)의 대표적 인물이며, 1960년대 이후 제2의 시카고 학파의 주역이었다. 그는 SOM의 구조 전문가인 파즐러 칸(Fazlur Rahman Khan, 1929-82)과의 협업을 통해 고층건물에 적용할 수 있는 여러 가능성을 선보임으로써 현대고층건물 설계에 크게 기여했다. 골드스미스, 브루스 그레이햄(Bruce Graham), 파즐러 칸이 SOM에서 협업한 브륀스위크 빌딩(Brunswick Building, 1965)은 미스의 시그램 빌딩(Seagram Building, 1958)과 도미니언 센터(Toronto-Dominion Centre, 1969)와 더불어 김종성의 SK빌딩에 영향을 주었다고 알려져 있다.

8) 코어를 중앙에 둠으로써 사무공간이 12m의 깊이로 자연채광이 가능하게 했으며, 기둥의 간섭을 최소화 할 수 있었다. 그리고 사무공간이 서향인 부분을 최소화하기 위해 코어의 서향 면에 각 층에 공조실을 두어 냉방부하를 줄였다.

9) 고제희, 부자 생태학, 왕의 서재, 2009, pp.234-238

종로타워 Jongro Tower

기업의 선두적 이미지에 초점을 맞춘 파격적인 디자인

　최초의 백화점인 화신백화점^{和信百貨店} 자리에 세워진 종로타워는 1993년 국제현상설계 공모전을 통해서 당선된 라파엘 비뇰리^{Rafael Viñoly, 1944-}가 삼우설계와 공동작업으로 설계하였다. 그러나 비뇰리는 장소와 연관된 역사적인 도시 맥락보다는 건축주인 삼성의 선두적인 이미지에 초점을 맞추어 '세계의 맥박'이라는 개념을 건축적으로 표현했다. 그의 파격적인 디자인을 건축적으로 실현시키는 과정을 다음 세 가지로 나누어 이야기해 볼 수 있다. 첫째 건축물의 형태, 둘째 건축물의 외부 재료 선택과 커튼월 디테일, 셋째 건축 시공 방법을 들 수 있다.

　우선, 건축물은 3개의 타워형 코어가 삼발이 받침 구조를 하면서 건물 전체 매스를 지탱하는 형태를 취한다. 그러나 실상은 유리 커튼월 안쪽으로 구조 기둥이 배치되어 있으며, 이 기둥과 코어가 각층의 슬래브를 지지하는 주요 구조체이다. 15-22층의 평평한 입면의 매스는 13층까지 정면에서 활형으로 올라오던 기둥의 한 줄을 없앤 형태이다. 3개의 타워형 코어가 실제로 통째 지탱하고 있는 것은 최상층인 24층의 톱 클라우드^{Top cloud} 한 층뿐이다. 그래서 24층의 도넛형 매스는 상하좌우 모든 면이 철골 트러스로 된 케이지^{cage} 안에 들어가 있다. 물론, 이 24층의 트러스 케이지와 3개의 타워형 코어가 본 건물의 전체적인 외형을 잡아준다. 3개의 타워형 코어 역시 트러스형 외부 구조로 되어

종로타워 정면 ©Heeyoon Moon

종로타워 배면 ©Heeyoon Moon

그 안에 계단실, 엘리베이터실, 배관 및 배선 공간 등이 있다. 특히 후면의 코어는 화장실, 각층 공조실, 엘리베이터, 전기실 등이 들어간 중심 코어이다.

  종로타워에서는 달라지는 평면의 변화를 건물 외부에서도 쉽게 알아볼 수 있도록 표현했다. 1층과 2층의 외벽은 수평 블레이드^{blade}가 없는 투명유리 커튼월로 설계하여 도로 레벨에서 시각으로 개방된 느낌을 갖는다. 내부에서는 1층과 2층 간에 에스컬레이터로 연결되는 너른 로비 공간을 두었다. 3층에서 12층까지 타원형에 가까운 볼륨이 올라가고, 이곳은 삼성과 그 외 임대 사무실로 사용되고 있다. 사무실 폭은 30여 미터로 이웃에 높은 건물이 없어서 자연 채광과 조망이 열려있다. 13층과 14층은 저층부와 고층부 매스 사이를 시각적으로 단절하며 안으로 들어간 $^{set\ back}$ 매스로 되어 있다. 14층은 옥상 휴게 공간으로 준공 당시 사용하다 이후 안전상의 이유로 출입을 금하고 있다. 15~16층엔

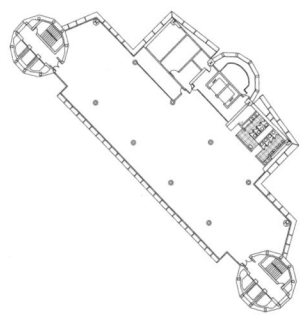
종로타워 15-22층 평면도, 서민정 재작도

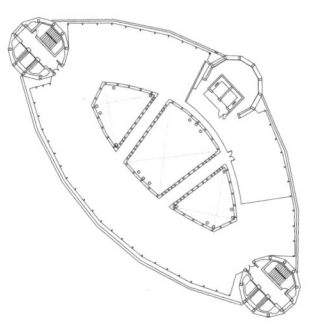
종로타워 24층 평면도, 서민정 재작도

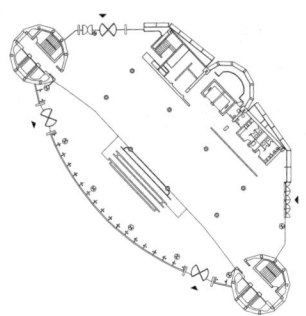
종로타워 1층 평면도, 서민정 재작도

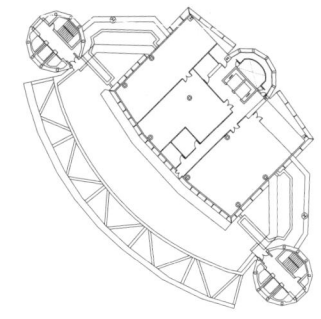
종로타워 13층 평면도, 서민정 재작도

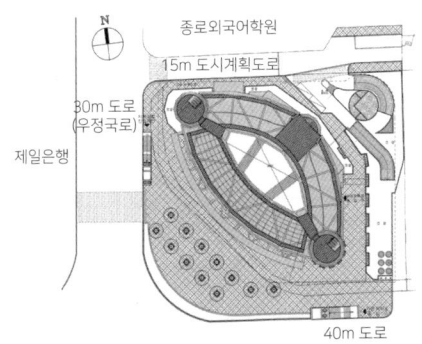
종로타워 배치도 ©삼우건축사사무소

전기실, 발전기실, 물탱크실, 기계실 등이 있다. 15층에서 22층은 사선 제한으로 매스가 줄어들어 평평한 입면으로 되어있고, 이곳에는 임대용 사무실이 있다. 그리고 23층 레벨에서 무려 높이 30m 가량의 빈 공간을 띄워서 세워진 24층에는 이 건물의 최상층인 톱 클라우드$^{Top\ cloud}$가 있다. 24층인 톱 클라우드의 외곽선은 3-12층의 타원형 볼륨의 외곽선은 비슷한 형태지만, 중앙 공간이 비어있는 도넛형의 구조물로서 이 비어있는 공간에는 브리지 두 개가 가로지르고 있다. 이 브리지에서는 밑으로 30m 허공을 통해 건물 주변이 내다보인다. 사실, 이 브리지는 도넛형 평면을 긴결하는 역할을 하므로 구조적으로도 필요하다. 이 톱 클라우드는 도심의 건축물과 고궁, 서울의 북쪽 산의 아름다운 풍경을 한눈에 파노라마로 볼 수 있는 최고의 장소이며, 여기에는 고급 레스토랑이 있다.

대대적인 개수 작업과 혁신적인 시공 기술

건축 외장 재료는 미래 지향적이고 하이테크$^{High-tech}$한 형태에 어울리게 철골 구조에 알루미늄 쉬트로 피복한 프레임과 유리로 국한했다. 이렇게 통일감 있는 건축 재료로서 다양한 형태요소들을 아우르고 있다. 전면부의 커튼월은 구조 유리 벽 시스템$^{Structural\ Glass\ Wall\ System}$인 D.P.G$^{Dot\ Point\ Glazing}$ 방식이다. 이 방식은 유리면에는 점 모양의 메탈 부속물을 설치하여 연결하고, 수직의 뼈대 유리판$^{rib\ glass}$을 세워서 풍하중으로 생기는 수평 응력을 이 뼈대 유리판이 효율적으로 받아 상하 구조체에도 전달하는 체계로 되어 있다. 이것은 기둥 사이에 유리를 고정하는 메탈 프레임을 두지 않기 때문에 커튼월의 투명성을 극대화할 수 있는 장점이 있다. 3층에서 10층까지의 저층부 사무공간의 커튼월에는 수평 블레이드^{blade}가 구조 역할을 할 뿐 아니라 차양 역할[1]도 한다. 이 블레이드는 30mm

종로타워 저층부 블레이드와 10층의 브라켓 ©Heeyoon Moon　　D.P.G (Dot Point Glazing) 투명 유리 커튼월 ©Heeyoon Moon

　투명 접합유리 표면을 세라믹 프리트$^{ceramic\ frit\ 2)}$로 처리하여 전면유리 커튼월로 직접 들어올 수 있는 남서향의 과도한 일사량을 어느 정도 차단해 준다.

　특이한 외관을 가진 종로타워를 시공하는 데에 있어서 특히 주목할 만한 부분을 다음 세 가지로 나누어 이야기해 볼 수 있다. 첫째, 대대적인 개수 작업이 있었다. 1993년 당시 지상 18층, 높이 90미터 규모로 골조공사가 완료된 상태에서 현재의 지상 24층, 133.5m의 건물로 개수하기 위해서는 기술적인 해결책을 모색해야 했다. 결국 엄청난 범위로 구조 해체와 기둥 보강 및 기초 확대 보강작업을 했다. 둘째, 1층에서 10층까지의 저층부 커튼월은 초대형 구조 유리 벽 시스템으로 그 크기는 무려 54m 폭에 45.1m의 높이이며, 총중량은 310톤에 달한다. 이 대형 커튼월의 판이 10층의 52개의 상부 브라켓에 각각 30mm의 스테인리스강 로드$^{stainless\ rod}$로 매달려 있다. 이것의 시공을 위해 2년여 동안의 기술, 시공 계획, 공장제작 및 설치 기간$^{3)}$이 필요했다.

　마지막으로, 시공에서 특히 괄목할만한 성과는 24층의 톱 클라우드 초대형 구조체를 리프트업$^{Lift-up}$ 공법으로 실현시켰다는 것이다. 리프트업 공법은 고

종로타워 24층 탑클라우드 공간 ⓒ김명규

종로타워 탑클라우드 야간 조명 ⓒ김명규

소작업이 요구되는 대형 구조물을 지상에서 조립하여 가이드레일 및 유압잭을 이용하여 소정의 위치에 올려 고정하는 공법이다. 톱 클라우드의 총중량은 4,300톤이며, 폭 40m, 길이 64m, 높이 11m의 철골 구조물에 알루미늄 쉬트 및 유리 외장재와 기계 전기 설비를 설치하여, 23층 바닥에서 30m를 들어 올리는 리프트업 공법이 시행되었다. 외장재와 설비가 완료된 후에 시간당 1.5m의 속도로 진행하여 리프트업하는 시간만 총 20시간이 소요되었다고 한다. 최종적으로 톱 클라우드는 지상에서 134m 높이에 설치되었다. 이런 리프트업 공법은 해외에서는 일본 오사카의 우메다 옥상정원, 말레이시아 쿠알라룸푸르의 페트로나스 빌딩의 스카이브리지 등이 있으나, 국내에서는 지상 100m의 높이에서 이런 거대구조물을 30m 리프트업 한 것은 처음이라고 한다.

논란의 여지를 남긴 도심의 랜드마크

    종로타워는 133.5m의 고층건물로 파격적인 디자인과 혁신적인 기술력으로 그 건축주와 건축가가 목표한 대로 도심의 새로운 랜드마크$^{land\ mark}$가 되었다. 그러나 그 건물이 지어진 대지와 주변의 역사적 장소라는 관점에서 볼 때, 상당한 논란의 여지를 남겼다. 종로타워 대지는 건축 역사적 의미가 있는 화신백화점이 있었던 곳이며, 또한 맞은편에는 보신각이 있다. 좀 더 넓게보면 본 건물의 주위에는 경복궁, 창덕궁, 종묘, 덕수궁, 경희궁과 같은 서울 도심에서 보존해야 할 가장 중요한 전통 건축물들이 모여있다. 이 건물이 맞닿아 있는 종로는 600여 년 역사를 지닌 서울의 대표적인 가로 중 하나이다. 파리와 런던과 같이 전통이 있는 유럽 대도시에서는 루브르궁이나, 세인트 폴 대성당이 있는 일대에는 고층건물 축조가 허용되지 않는다. 더군다나 종로타워는 주위 시선을 사로잡는 외관을 하고 있다. 조경진은 본 종로타워는 은회색의 골조 근육이 그대로 드러나 "자극적이고, 도발적이고, 적나라"하며, "양복을 입고 있는 사람들 중에 전라로 서 있는 여인을 보는 느낌" [4] 이라고 강하게 비판했다. 그는 전통 궁궐이 가까이에 있는 장소에 이런 고층건물을 허용한 도시개발 관리자의 책임이 크다고 지적했다.

    종로타워는 그 이름 그대로 종로 일대의 타워 역할을 하며, 특히 최상층인 톱 클라우드는 서울 도심에서 이른바 '부감경(俯瞰景)' [5] 즉 높은 위치에서 내려다보는 경치를 최대한 즐길 수 있는 장소이다. 종로타워는 파리의 에펠탑이나 뉴욕의 엠파이어스테이트 빌딩과 같이 도심 경관을 한 눈에 내려다볼 수 있는 좋은 위치를 선점하고 있다. 영화나 소설에서 나오는 '클라우드 층'은 주로 소수의 선택받은 사람들만이 출입할 수 있도록 허용된 곳이며, 또한 세상의 어떤 정보나 네트워크도 얻을 수 있는 곳으로 묘사되곤 한다. 이곳의 최상층인 톱 클라우드에서는 주변에 높은 건물이 없어서 시야가 완전히 트이고, 여기에서는 서울 도심 구조를 파악할 뿐 아니라, 서울의 북쪽 산들과 고궁들의 아름다운 풍경을 만끽할 수 있다. 그러나 에펠탑이나 엠파이어스테이트 빌딩의 최상층은 유료지만 누구나 구경할 수 있는 것과는 다르게 종로타워의 톱 클라우드에는 고급 레스토랑이 전체 공간을 차지하고 있다. 종로타워 외관은 일반인이 쉽게 다가가기 어려운 인상을 주고, 특별한 사람들만이 톱 클라우드를 이용할 수 있는 분위기를 준다. 그러나 실상은 미리 답사 신청을 하면 영업하는 바쁜 시간을 피해서 방문하고 사진도 찍을 수 있게 해 주었다.

이 건물은 당초에 화신백화점처럼 백화점을 전제로 계획되었고, 상업시설로만 가능하도록 계획되었으나, 90년대 후반의 IMF를 맞으면서 내부 용도에 변화가 생겼다. 그리고 원래 비뇰리의 계획은 지하철역과 연결하는 지하광장에 아트리움을 두어 대중의 접근이 활발히 이루어지는 것이었다. 현재에는 지하철에서 바로 이어지는 지하광장에서 바로 건물 내로 진입이 가능하며, 건물의 정문을 정면이 아닌 양 측면에 배치하여 전면 광장을 조금 더 확보하고자 했다. 전면 광장은 공공의 휴게 공간이나 이벤트 광장으로 활용되고 있으나, 이 건물의 화려함에 비하면 전면 광장이 활발히 이용된다고 느껴지지는 않는다. 이 건물의 야간조명 역시 건물의 화려함을 더욱 빛내며, 이 건물이 백화점 건물로서 동대문 의류 쇼핑 거리와 같은 곳에 있었으면 더 어울렸을 거란 생각을 해 본다. 건축주와 건축가는 그 장소의 과거나 주위의 역사적인 맥락을 돌아보는 것을 일단 접고, 어쨌든 미래지향적으로 전진하는 파격적인 디자인을 선택했고, 결과적으로 논란의 여지를 남겼다.

화신백화점 당시 전경 (사진엽서)

화신백화점에서 종로타워까지의 긴 스토리

종로타워의 대지는 일제 강점기에 우리 민족에 의해 설립되고 경영되었던 최초의 백화점인 화신백화점이 있었던 곳이며, 이곳에 종로타워 건물이 신축되기까지는 기나긴 스토리가 있다. 화신백화점은 1931년 박흥식이 설립한 뒤에 이 건물에 불이 나서 전소되었다. 1937년 이곳에 박길룡(1898-1943)의 설계로 지하 1층, 지상 6층의 현대식 백화점 건물을 세웠다. 이 백화점 건물은 당시에 서울에서는 가장 높은 건물이었으며, 엘리베이터, 에스컬레이터뿐 아니라 옥상에 전광판도 갖추고 있었다. 1978년에는 이 대지가 도심 재개발 사업 구역에 속하게 되었고, 1986년 최초의 사업 시행인가가 나서 삼성 측은 건축허가를 받아, 1987년에 이 백화점을 철거했다. 그리고 도심재개발 사업의 추진에 있어서 지주 간의 이해 대립으로 많은 어려움이 있었으나, 결국 1990년에 삼성물산이 종로타워 건물을 착공하여 1999년에 완공시켰다. 이 10년 동안에도 많은 일이 있었다. 1990년에 미국의 건축가 에레비 베켓 Ellebe Becket이 지하 6층, 지상 18층의 규모로 이 건물의 설계를 하여 1993년에 골조공사가 완료된 상태에서 삼성은 국제적 선두 브랜드 이미지에 걸맞은 건축물로 설계 변경 방침을 세웠다. 이미 올라간 골조를 개축하는 조건으로 삼성은 1993년 국제현상설계 공모전을 열었고, 여기서 미국에 있는 라파엘 비놀리 Rafael Viñoly의 안을 선정했다. 역동적인 하이테크 High-tech 성격을 강조한 이 설계안은 삼우설계와 공동작업으로 현실화되었다.

설계 라파엘 비뇰리(Rafael Viñoly) + 삼우건축사사무소
위치 서울특별시 종로구 종로 51
규모 지하 6층, 지상 24층

1) "종로타워," 월간 건축문화, v.226(2000.03), p.119
2) 프리트(frit): 도자기의 겉에 칠하는 유리 성분의 조합물
3) 김재영, "TOP CLOUD의 LIFT UP 공법 설명," 월간 건축세계 v.56 (2000.01), p.170
4) 조경진, "논고-종로타워-종로의 사각지대," 월간 건축세계 v.56 (2000.01), p.140
5) ibid. pp.140, 조경진은 요시노부 아시하라의 저서 <외부공간의 미학>에서 나온 이 용어를 소개하였다.

퍼시스서울본사 Fursys Seoul Headquarters

물질적으로나 공간적으로 투명한 건축물

건축주인 (주)퍼시스[1]는 국내에서 대표적인 사무가구 전문회사이다. 창립 25주년에 맞춰서 완공된 퍼시스 서울 본사 설계에서 불리한 대지 조건을 전화위복의 기회로 활용한 건축가의 창의적인 아이디어를 볼 수 있다. 퍼시스 서울 본사 대지는 근처에 있는 백제 고분군 대지와 마찬가지로 오금로를 전면 대로로 둔 역사 미관지구에 속해 있다. 따라서 오금로를 접하고 있는 대지는 전면으로부터 12m 후퇴해서 건물을 앉혀야 했다. 전면 대지의 도로 폭이 넓은 데에다가 12m를 후퇴함으로써 건물 높이는 이것과 비례하여 더 높이 지을 수 있지만, 이곳은 상업지역이 아닌 준주거지역에 속하여 있어서 용적률은 상대적으로 낮았다. 따라서 용적률에 맞춰서 일반적인 층고로 환산한 바닥면적으로 설계할 경우에 지상층의 볼륨은 바로 옆 건물보다 훨씬 왜소하게 될 상황이었다. 그러나 설계를 시작할 당시에 건축주는 "전용 사옥으로 계획하며, 최대한 효율적이며 주변 건물과 비교해 당당할 수 있어야 한다"[2]는 것을 원도시건축에 요구했다. 건축가는 건물 볼륨의 왜소함을 극복하기 위해 4층 부분을 약 13m 높이로 하는 옥외공간인 '하늘정원'으로 만들어 건물 전체 높이를 키웠다.

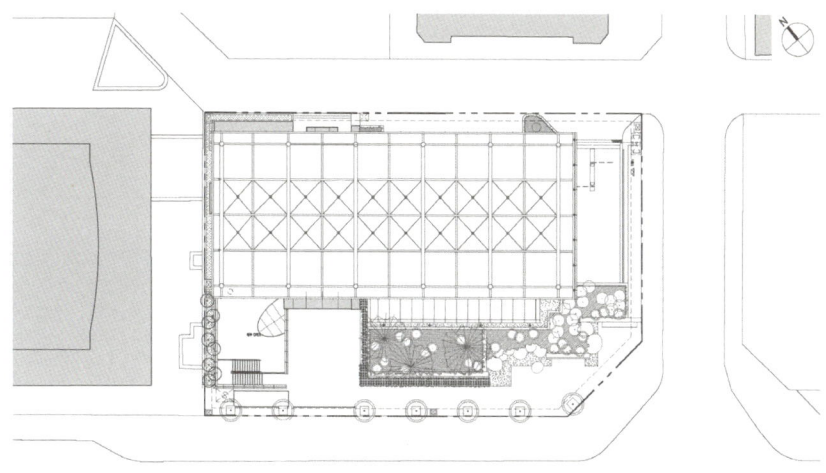

퍼시스 본사 배치도 ⓒ원도시건축

퍼시스 본사 전경 ⓒ박영채

물질적-공간적으로 투명한 하늘정원의 난간, 외벽, 차양 모습 ⓒ박영채

　이런 아이디어를 반영해서 실제 지어진 건축물은 그 외적인 볼륨에 있어서 주변건물과 비교해서 건축주가 요구한 대로 당당할 정도로 크다. 그런데도 이 건물은 투명한 유리 외피로 인하여 아주 가볍게 느껴지며, 주변을 압도하지 않는다. 이런 경쾌하고 가벼운 느낌은 옥외공간인 하늘정원으로 인하여 한 층 배가된다. 일반적으로 유리 외피로 된 고층건물도 가볍게 보일 수 있지만, 동시에 유리면의 반사로 인하여 건물 전체가 매우 단단하고 방어적으로 보이는 경향도 있다. 그러나 이 퍼시스 본사 건물에서는 하늘정원의 보이드 공간으로 인하여 실제 공기가 관통하며, 이 뚫린 공간을 통해서 반대쪽 풍경을 직접 볼 수도 있다. 건축적으로 분석해 보자면, 건축가는 하늘정원의 외벽, 난간과 차양 디테일을 통해서 이런 물질과 공간이 연계된 투명성을 간결하면서도 효과적으로 표현했다. 하늘정원 서측은 코어 공간이고, 동측은 유리 벽으로 막혀 있는 반면에 남측 정면과 북측 후면은 외기와 직접 접하고 있다. 하늘정원 동측의 유리 벽은 다른 층과 연결된 대형 커튼월 판의 일부이다. 이 커튼월 판은 건물의 동측 면 전체에 부착되어 있고, 특

거울못이 보이는 4층 하늘공원 전경 ©김명규   남측과 동측 도시 풍경이 보이는 하늘정원 ©김명규

 히 그 투명한 유리판의 이미지를 부각시키기 위해 양측의 외벽 모서리보다 튀어나와 있다. 그래서 하늘정원에서 보면 동측 외벽은 하나의 투명한 판이 매달려 있는 모습이 선명하게 드러난다. 하늘정원 남측 면과 북측 면의 난간 면과 차양 면도 아래, 위층에서의 커튼월이 연장된 부분이다. 한 장의 커튼월이 이렇게 군더더기 없이 매달리도록 표현한 디테일을 통해서 외피의 얇은 두께감이 그대로 드러난다. 그 안의 둥근 기둥들 또한 백색의 미니멀한 형상으로 전체적인 공간감은 공기와 같이 가볍게 느껴진다.

 건축가는 하늘정원의 남측 면과 북측 면을 따라 키 큰 나무 다섯 그루를 각각 심고, 중앙에는 데크를 까는 설계를 했다. 또한 데크 한 면을 따라 낮은 '거울못'을 만들었고, 아기자기한 모양의 벤치와 조명을 여기저기에 놓았다. 건물의 중간에 있는 하늘정원은 눈비의 걱정 없이 높은 공간감 안에서 좋은 전망을 누릴 수 있는 장점이 있다. 또한 바로 옆에 실내 부속실이 있어서 대외 행사나 이벤트를 열기에도 적합하다. 건물 기본 외장재는 유리와 철골 기둥을 감싼 알루미늄으로 전체적인 건물이미지는 도심 사무소이지만, 이 4층의 옥외공간에 있으면 마치 공원에 있는 편안한 느낌을 갖게 된다. 인공적으로 공조되는 효율적인 업무의 공간과는 다르게 직원들은 휴식시간에 시원하게 트인 이 하늘정원에서 넓은 하늘을 보며 자연의 외기를 들이마시며 심신을 재충전할 수 있다. 직장 내의 이런 좋은 휴게 공간은 결과적으로 높은 근무 만족도와 능률로도 연결될 수 있다.

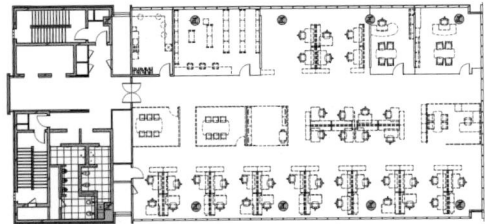

퍼시스 본사 6-9층 평면도 ©원도시건축

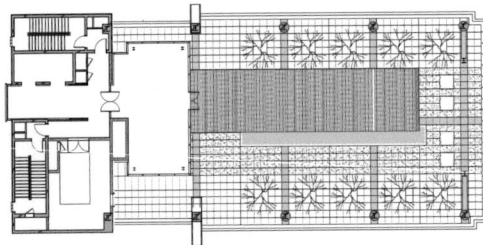

퍼시스 본사 4층 평면도 ©원도시건축

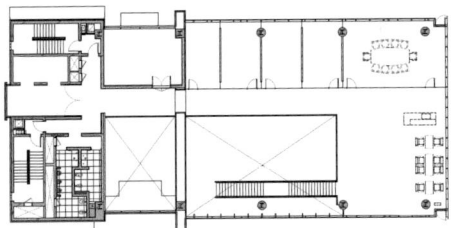

퍼시스 본사 2층 평면도 ©원도시건축

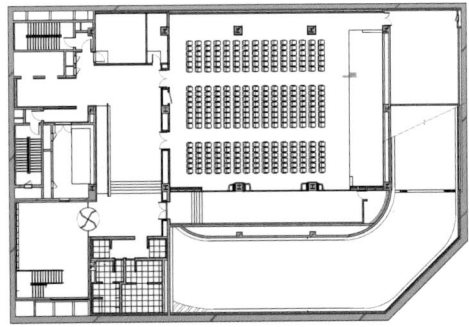

퍼시스 본사 지하1층 평면도 ©원도시건축

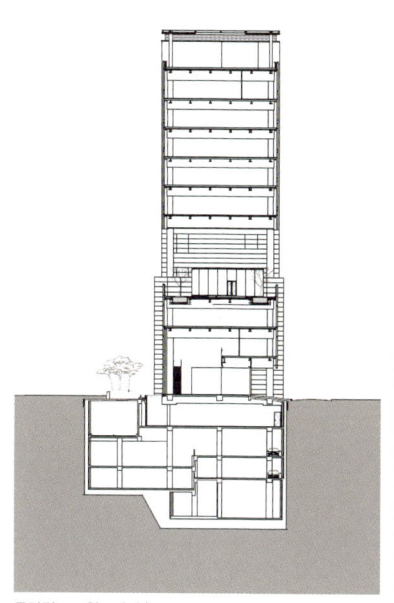
종단면도 ©원도시건축

지하 채광창 ©김명규

간접적으로 업무 효율을 높일 수 있는 건축환경

　퍼시스 기업은 사무 가구를 제조, 판매하는 것뿐 아니라 근무 만족도가 높은 사무공간에 대한 전반적인 연구를 하고 있다. 이런 연구를 기반으로 각 기업에 최적화된 쾌적하고 능률적인 사무환경을 제안하고 구축하는 업무도 수행한다. 전용사옥으로 맞춰진 이 선물의 설계에서도 건축주는 기본적인 사무와 회의 공간 외에도 간접적으로 업무효율을 높일 수 있는 건축 방안을 요구했다. 이런 요구를 만족하는 건축 결과물로서 쾌적한 직원 휴게 공간, 100% 자주식 주차장 확보, 지하 1층의 다목적 강당 설치를 들 수 있다. 4층 하늘정원 외에도 1~2층에는 호텔 로비에 버금가는 공간감과 인테리어로 꾸며진 직원 휴게 공간이 있다. 퍼시스 서울 본사에서는 경영관리와 마케팅 담당 업무가 중심업무이므로, 1층 휴게 공간과 2층 전시공간은 단순히 직원들이 쉬는 공간이라기보다는 마케팅업무 또는 사무공간과 사무 가구에 대한 상담 등 대인 업무를 할 수 있는

퍼시스의 개성이 느껴지는 로비 ⓒ김란수

곳이다. 1층의 층고 자체도 상당히 높은 데에다가 많은 부분이 2층까지 뚫려 있고, 입구의 코어 부분을 제외하고 세 면이 전면유리로 되어 있어서, 이곳은 밝고 높고, 그래서 쾌적하다.

  2층까지 일직선으로 올라가는 계단이 마치 조형물처럼 있으며, 중앙에는 퍼시스 브랜드를 상징하는 글로시한 재질의 빨강색 매우 큰 조형물이 있다. 이 조형물은 퍼시스 가구 스타일처럼 추상적이고 모던하며, 그 윗부분은 디지털 화면으로 되어 있어서 역동적으로 느껴진다. 이 퍼시스 서울 본사 바로 뒤편으로

퍼시스 제품으로 꾸며진 지하 다목적 홀 ⓒ김명규

지하 1층, 지상 5층인 쇼룸 건물이 있어서 이 건물의 1층 뒷문에서 골목길만 건너면 이 쇼룸 건물의 정문으로 갈 수 있다. 이 쇼룸에서도 터치스크린이 들어간 키오스크^{kiosk} 시스템, 가구의 재료와 구조 방식을 보여주는 절단된 가구 전시 등 단순히 오피스 제품을 전시하는 것 이상으로 체계화된 전시 내용을 보여준다. 따라서 퍼시스 서울 본사 1~2층의 휴게 공간은 뒤편의 쇼룸 건물과 연계되어 직원들은 직접 고객들에게 체험하도록 안내하며 쾌적한 환경에서 마케팅업무를 효율적으로 수행할 수 있다.

건축주가 직원들의 업무효율을 간접적으로 높일 수 있는 사항 중에는 휴게 공간 외에도 '100% 자주식 주차장 확보'라는 내용도 있었다. 자주식 주차장이란 기계식 주차장과 대비되는 개념으로, 운전자가 관리인이나 기계 설비의 도움 없이 직접 운전해서 차를 세우는 주차장을 말한다. 따라서 자주식 주차방식은 노상 주차장과 지상층 외의 층에 주차할 때에는 주차 통로 외에도 각 층별로 진·출입이 가능한 경사로 면적이 필요하므로 기계식 주차방식보다 훨씬 많은 주차 면적이 필요하다. 반면에 기계식 주차방식처럼 주차 관리인이 따로 필요 없고, 주차 설비 고장에 대한 부담도 없다. 무엇보다도 자주식 주차방식에서는 차를 기계설비에 넣기 위해 기다려야 하는 시간과 심리적 부담감이 없기 때문에 매일 아침에 바삐 출근하여 주차해야 하는 사람들은 당연히 이 방식을 훨씬 선호한다. 따라서 이 건물에 주차하는 직원들은 주차에 대한 스트레스 없이 하루를 시작할 수 있고, 그만큼 자신의 업무 자체에 더 집중할 수 있을 것이다. 건물의 높이를 더 높일 수 있는 것에 비해서 적은 용적률로 지어야하는 본 건물의 설계 조건으로 4대의 지상주차 면적 외에는 건물 지하층의 자주식 주차장으로 주차대수를 모두 해결한 것에는 건축주의 의지가 있었다. 용적률에는 지하층 바닥면적과 지상층의 면적 중에서도 주차 면적은 포함되지 않기 때문에 주차 공간을 지상에 확보하는 방안으로서 기계식 주차 타워가 들어갈 수도 있었다. 그렇게 되었더라면 건물 외부모습도 현재처럼 건물 중간에 커다란 허공이 있는 투명한 이미지가 되지는 않았을 것이다.

  그 외에 간접적으로 업무 효율을 높일 수 있는 방안으로 건축주는 지하 1층에 다목적 강당 설치를 요구했다. 이 지하 1층 강당은 각층에서 엘리베이터로 연결되는 것 외에도 외부에서 직접 옥외 선큰 공간을 통해서도 갈 수 있다. 지하1층의 진입 복도에는 천창이 있고 그래서 자연광이 유입되어 환하고 쾌적하다. 이곳에는 고정석 강당과 다목적 강당이 있으며, 건물 내의 모든 가구는 당연히 국내의 대표 사무 가구 전문회사답게 퍼시스 제품들이다. 강당은 교육과 단합을 위한 공연, 세미나, 연주, 강연 등으로 쓰일 수 있으며, 이런 행사들을 통해 직원들의 단합된 분위기를 조성할 수 있을 것이다. 내부 벽과 바닥은 무채색 계열의 화강석이나 유리를 써서 미니멀하게 마감된 반면에, 가구들은 그 공간의 성격에 따라 목재의 자연색이나 포인트 색으로 되어 있다. 업무공간 외에도 복도, 비상계단실, 화장실 등과 같은 보조 공간의 인테리어에서도 '퍼시스'스러운 개성이 보인다.

설계 원도시건축
위치 서울특별시 송파구 오금로 311
규모 지하 4층, 지상 10층

1) 1983년 창립한 (주) 퍼시스는 그룹은 주요기업과 관공서에 사무 가구를 꾸준히 공급하여 국내의 브랜드 사무가구분야에서 50% 이상의 점유율을 차지하고 있다.

2) 전재호 기자, "투명한 소재로 안과 밖 경계 허물어," 서울경제 2009.10.04

한유그룹사옥 Hanyu Group Building

도시 파사드facade를 이어주는 옥내주유소 건물 유형

건축가 임재용은 한유그룹 사옥을 설계하기 전에 이미 건축주인 (주)한유그룹[1]의 서울석유주식회사 사옥을 설계하여 2007년에 완공했다. 두 건물 모두 지상 층에는 주유소 시설이 있고 그 위로 사무실이 있는 복합용도의 옥내주유소 건물이다. 건축가에 따르면, 기존의 주유소 시설은 건물이 연속적으로 이어지는 도시 파사드에서 이가 빠진 것처럼 미관을 해치는 요소가 된다.[2] 따라서 복합 용도로 된 옥내주유소 건물은 도시 맥락적으로도, 건축주의 이윤 확대에도 도움이 된다. 서울석유주식회사 사옥 경우에는 장충동에서 기념비적 형상을 한 경동교회 바로 옆에 있으므로, 건축가는 도시 맥락적인 관점에서 그의 설계에 대한 출발점으로서 경동교회의 존재를 의식했다. 그는 경동교회의 성격을 "무거움의 침묵"[3] 으로 보고, 경동교회에 대비되는 본인이 설계할 건물의 성격을 "가벼움의 침묵"으로 설계 개념을 잡았다. 경동교회 외장은 붉은 벽돌을 일일이 정으로 쪼아 시공한 것으로 벽돌이 한 장 한 장 쌓여 축적된 재료 자체 무게에 더하여 세월의 무게감이 느껴진다. 이런 외벽의 거친 마감에 담쟁이 넝쿨이 빽빽이 얽혀있어서 실제로 이 교회에서는 무겁고 엄숙한 침묵이 느껴진다. 임재용은 이 경동교회 외관과 대비시켜 서울석유주식회사 사옥의 바깥 외피를 금속망으로 덮어 가볍게 보이는 외관을 의도했다. 그는 서로 다른 기능을 가진

옥내 주유소 유형인 한유그룹사옥 전경 ⓒ김용관

경동교회(左)와 서울석유주식회사 사옥(右) ©Heeyoon Moon

여러 층을 가벼운 금속망으로 된 이중 외피로 감싸서 외부적으로는 가벼운 통일감을 유도하는 "가벼움의 침묵"을 표현했다.

경동교회라는 강력한 주변 건축 구심점이 있는 서울석유주식회사와는 다르게, 한유그룹 사옥 대지는 남부순환대로를 면해 있으며, 이 봉천동 주변에는 특별히 장소성을 줄 만한 건축 소재가 없었다. 따라서 건축가는 도시풍경을 새롭게 조성할 건축물을 생각했다. 그는 "고착된 이미지보다는 틀의 레이어를 도시 맥락 속에 던져놓고 그 표정이 시간, 빛, 속도에 따라 다양하게 변하는 도시풍경을 만들고 싶었다" [4] 고 한다. 우선, 한유그룹 사옥 설계에서 새롭게 시도한 부분은 내부 철근 콘크리트 구조를 특이한 형태로 감싸고 있는 커튼월 방식이

한유그룹 사옥 후면부와 계단실 ©김란수

한유그룹 사옥 보이드의 브리지와 5층 중정 ©김란수

다. 일반적인 매끈한 커튼월과는 다르게 이 건물에서는 2미터 간격의 금속 프레임이 건물 전면에서 상부를 지나 후면까지 연결되는 골격을 이루고 있다. 이 틀 사이사이에 투명, 불투명, 또는 실크스크린이 된 복층 유리면을 섞어 경사 각도를 달리하며 고정했다. 남부순환대로를 지나가는 차 안에 있는 사람들은 자신

차도에서 바라본 전경 ⓒ 김명규

한유그룹 사옥 중앙의 보이드 ⓒ김명규

한유그룹 사옥 보이드의 브리지 ⓒ김란수

들이 탄 차의 속도에 따라 이 반사하는 메탈 프레임의 날이 선 각들과 다양한 유리의 반사면을 순간적으로 느끼지만, 그들이 본 실체를 단번에 파악하기 힘들 것이다. 따라서 이 건물을 호기심을 가지고 다시 돌아볼 것이다. 메탈과 유리면의 다이내믹한 빛 반사와 그림자의 대비를 보여주며 반복되는 프레임들로 구성된 이 건축물은 건축가의 말대로 시간, 빛, 속도에 따라 다양하게 도시풍경을 만드는 주체가 된다. 주택가와 면한 건물 측면과 후면도 건축가는 세심하게 설계했는데, 빛의 조도와 보는 각도에 따라 색상이 달라 보이는 분홍 계열의 알루미늄 패널 또한 매우 독특하다.

도시풍경과 소통하는 건물 프레임 속 보이드 공간

한유그룹사옥에서 서울석유주식회사 사옥의 설계 개념을 한 층 더 발전시킨 부분은 외피 중앙에 뚫린 사각 공간이다. 이 사각 공간은 여러 측면에서 분석해 볼 수 있는데, 첫째, 이 사각 공간은 평면상으로는 5층 이상의 층에서 사무실 공간과 코어 공간을 명확히 나누는 4개 층이 뚫린 공간이다. 둘째, 이 분리된 두 공간을 연결하기 위해 6층에서 8층까지 세 개 층에서 조금씩 엇갈려서 브리지가 걸려 있고, 이런 브리지 모습이 건물 전면과 후면에서 사각 보이드 공간의 내용물로 읽힌다. 셋째, 이 보이드 공간은 건물 전체 두께를 관통하고 있어서, 건물 전면과 후면의 풍경을 통하게 하는 소통의 공간이 된다. 다시 말해, 세 개 층에서 조금씩 엇갈려 걸려 있는 브리지가 건물 좌우로 분리된 두 공간을 소통시키고 있다면, 건물 두께만큼 뚫린 사각 공간 자체가 건물 전면과 후면 도시 공간을 소통시키고 있다.

그 외에도, 한유그룹 사옥 건물은 낮뿐만 아니라 밤의 도시풍경을 적극적으로 만드는 주체가 되고 있다. 이는 조명디자이너 이재하가 건축계획 단계부터 참여하여 건축가의 기본 생각을 이해하고 조명설계를 한 결과로 보인다. 조명디자인에서 가장 중점적인 부분은 역시 사각 보이드 공간으로 이 부분을 "건물의 심장 Heart of the Building" 5) 이라는 개념으로 잡고, 이 중앙부 브리지에 색 변환 엘이디 color change LED를 설치하여 변화를 주었다. 전체 공간의 주조 색은 메탈로 설정하고, 업무 효율을 높일 수 있게 무채색 계열을 사용했다. 낮에 보이는 복잡하고 다양한 건물 입면과는 대조적으로 야간에는 통일된 주조 색과 변화하는 강조 색

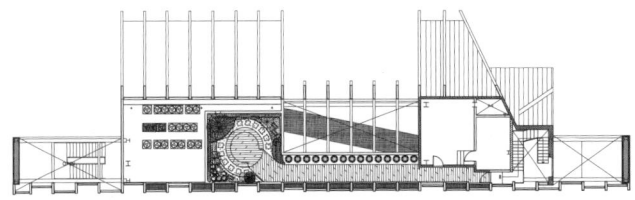

옥상정원이 있는
옥상층 평면도 © O.C.A

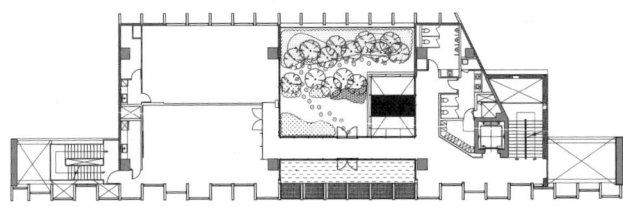

중정과 브리지로 분리된
5층 평면도 © O.C.A

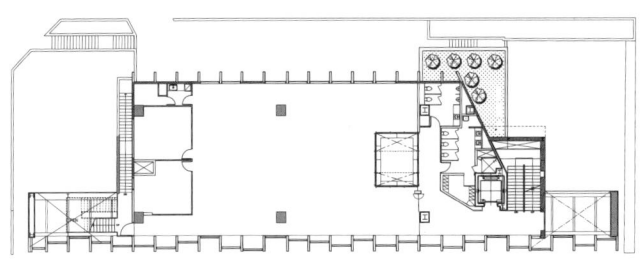

사무실 공간이 있는
3층 평면도 © O.C.A

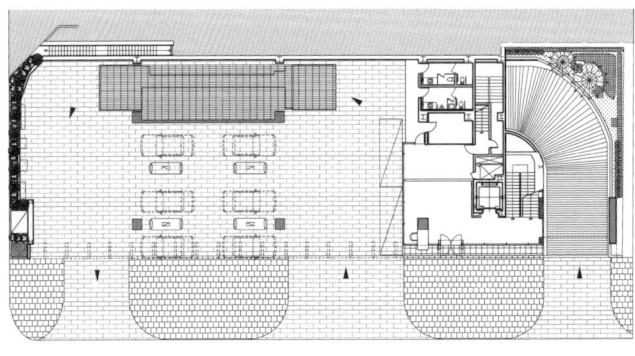

옥내 주유소가 있는
1층 평면도 © O.C.A

의 조명 연출로 건물이 한결 간결해 보이도록 의도했다. 낮과 밤에 다른 분위기로 빛나는 건물 모습은 급유 회사인 한유그룹의 이미지와도 상통한다.

옥내 주유소 건축물의 구체적인 설계 전략

건축가는 서울석유주식회사 사옥에 이어 한유그룹 사옥의 설계를 통하여 옥내 주유소 건물이라는 새로운 설계 주제를 풀어나갔다. 주유소가 수익성이 좋으려면 차량 통행이 잦은 대로변에 있어야 하고, 그 대지 면적도 상당히 넓어야 한다. 도심에서 이런 조건을 갖추려면, 대지 구입비로 비싼 값을 지불해야한다. 그리고 기존의 옥외주유소 건물은 건축법 상 제한적인 용도와 면적의 부대시설만이 허용되었다. 이런 반면에, 내부에 주유소를 갖는 옥내 주유소 건물은 주유 취급소와 그 외의 다른 용도로 쓰이는 부분을 소방법에서 요구하는 내화구조의 바닥과 벽으로 구획하는 조건을 갖출 경우에 허용되었다.[6] 한유그룹 사옥의 경우에는 남부순환대로에 면한 1층의 주유소로 바로 진입할 수 있다. 건물 2층 후면에는 옥외 주차장이 있고, 2층 전면 대로변 공간은 1층 주유소의 높은 층고를 위해 할애되었다. 그리고 전면 대로보다 건물 뒤의 한층 높은 경사면에서 2층 주차장으로 바로 주차할 수 있다. 나머지 필요한 주차 공간은 지하 1층에 두었고, 지하 주차장은 1층의 로비 옆의 전면 경사로를 통해 갈 수 있다. 평면적으로는 1층에서 주유소와 건물의 입구 로비를 분리했다. 건축가는 2층 주차장을 완충공간으로 하여 3층부터 8층까지의 사무실 공간과 1층 주유소 공간을 분리함으로써 옥내 주유소 건물에서 요구하는 소방법을 만족할 수 있었다. 3~4층의 사무실 공간은 각 층이 트인 반면에 5층부터는 코어 공간과 사무실 공간이 분리된다. 5층 중앙 부분에는 중정이 있어서 사내 직원들이 아기자기한 옥외공간에서 쉴 수 있다. 5층에서 8층까지 분리된 공간을 브리지가 층마다 엇갈리며 이어주는데, 이 브리지에서는 마치 공중

도심풍경이 펼쳐지는
한유그룹사옥 옥상층 ⓒ김란수

한유그룹 사옥 1층 주유소 ⓒ김란수

에 떠 있는 느낌으로 도시 풍경을 멀리 내다볼 수 있다. 8층 위에 있는 옥상정원 역시 외부공간이지만 건물의 전면에서 시작한 2m 간격의 금속 프레임이 건물의 옥상 층을 지나가면서 옥상 층의 전면, 상부, 후면을 어느 정도 감싸기 때문에 반외부공간으로 볼 수 있으며 아늑하게 느껴진다. 옥상 바닥에는 데크와 식재, 밑으로 뚫려있는 공간이 있어서 직원들은 바람을 쐬며 관악구 일대의 풍경을 감상할 수 있는 좋은 휴식처로 이 곳을 찾는다.

설계 임재용 / 건축사사무소 O.C.A
위치 서울특별시 관악구 남부순환로 1883
규모 지하 2층, 지상 8층

1) 1967년 해상급유(주)로 시작한 한유그룹은 국내 항구의 선박 연료유를 공급하기 시작하여, 1980년대에는 석유류 유통 전문회사로 발전했다. 현재 한유그룹에는 (주)한유엘앤에스, (주)한유에너지, (주)한유케미칼이 있으며, 석유류의 운송업, 판매업, 제조업의 체계를 갖추고 있다. 2009년에 이 한유그룹 신사옥을 준공하여 서울시 관악구로 이전한 것이다.

2) 임재용, "새로운 유형을 찾아서," 명지대학교 특별강연, 2017.05.15

3) 임재용, "한유그룹 사옥," SPACE 2010.04, p.77

4) 앞의 책, p.69

5) 이재하, "한유그룹 사옥," 조명과 인테리어, 2011.05-06, p.33

6) 임재용, [자료] "진화하는 주유소." 건축역사연구, v.19 n.5, 2010-10, pp.113-120

인물을 기리는 문화건축

공간사옥 (현재 아라리오뮤지엄 인 스페이스), 1977	**118**
환기미술관, 1992	**156**
김옥길기념관, 1998	**170**
안중근의사기념관, 2010	**184**

공간사옥 Space Group of Korea Building
(현재) 아라리오뮤지엄 인 스페이스
Arario Museum in Space

협소한 공간에서 실현시킨 '생산과 창조를 위한 공간'

1971년에서 시작하여 1977년 완공된 공간사옥은 건축가 김수근¹⁹³¹⁻¹⁹⁸⁶이 "형태"에서 "공간"으로 그의 건축 탐구의 초점을 바꾼 전환점이 된 건물이라 할 수 있다. 하나의 완결된 노출 콘크리트 골격으로 기념비적이고 상징적인 형태를 만들었던 1960년대의 건축 성향에서 탈피하여, 김수근은 공간사옥에서 벽돌의 수공예적인 디테일과 부정형의 분절된 매스가 연속적으로 생성해 내는 내부공간과 외부공간의 연출에 그의 건축 탐구를 집중했다. 공간사옥 설계를 시작한 1971년에 그는 범태평양 건축상을 수상했는데, 이 수상 연설에서 '궁극 공간'^{Ultimate Space1)} 개념을 소개했다. 그에 따르면, 인간은 생존을 위한 기본 생활이나 생산 활동을 위한 필수적인 공간 이외에 창작 활동, 명상 등 창조적인 생활을 영위할 수 있게 하는 여유 공간이 필요하고, 이런 창조를 위한 여유 공간이 '궁극 공간'이다. 공간사옥 건물은 도심의 협소한 대지에서 축조해야 했는데, 공간사옥 구관의 대지 면적은 대략 34.2평이며, 실제로 지어진 건축 면적은 19.5평 정도이다.²⁾ 또한 법적으로 건물 높이가 9m로 제한³⁾되어 있었다. 이렇게 비좁은 건축 조건에서 과연 김수근은 건축설계사무소로서 '생산을 위한 공간' 넘어 '창조를 위한 공간'을 어떻게 실현시켰을까?

공간사옥과 신사옥 겨울 전경 ©Heeyoon Moon

공간사옥과 신사옥 여름 전경 ©Heeyoon Moon

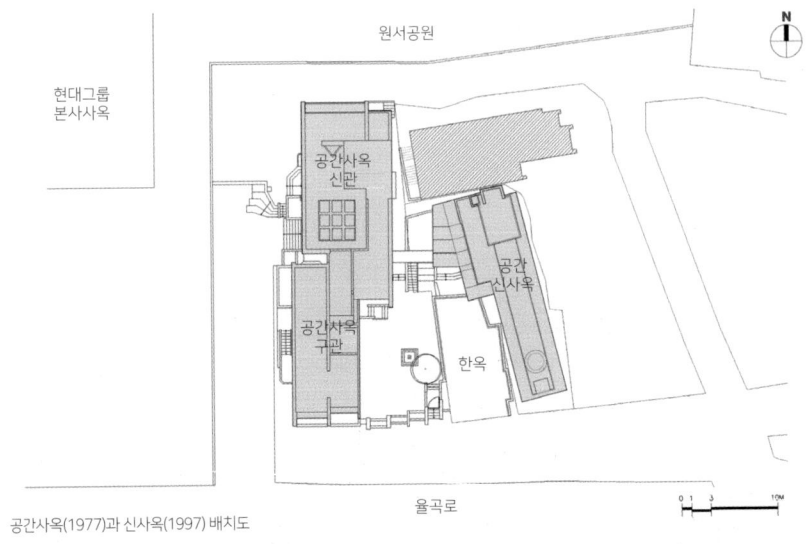

공간사옥(1977)과 신사옥(1997) 배치도

그가 생산과 창조를 위한 공간으로서 건축적으로 해결한 방법은 스킵플로어 skip floor였다. 스킵플로어란 건물 각층의 바닥 높이를 대략 반 층씩 어긋나게 한 구조를 말한다. 이 스킵플로어 방식은 남측 정면에서 북측으로 높아지는 경사지에 위치한 공간사옥 대지 조건에 적합했다. 경사지의 대지 레벨을 이용하여 낮은 쪽에서는 1층으로 바로 들어갈 수도 있고, 이보다 반 층 정도 올라온 부근에서는 계단을 반 층만 더 올라와 2층으로 바로 들어갈 수도 있도록 건축가는 설계했다. 실내에서는 주 계단의 계단참 길이를 넓혀 이 공간이 스킵플로어로서 하나의 실(방)처럼 설계했다. 결과적으로 각 방은 계단을 중간에 두고 반 층씩 분리되어 있다. 이때에 각 실은 반 층씩의 레벨 차이로 어느 정도 공간 분리가 이루어지기 때문에 여기에는 따로 복도도 문도 필요 없다. 그만큼 공간을 효율적으로 사용하고 있는 셈이다. 구관 건물은 지하 1층, 지상 4층의 규모이며, 여기에는 중 2층이 포함되어 있다. 이런 스킵플로어 형식은 지하 1층에서 2층까지로 3개 층에 적용되어 6개의 공간이 만들어지고, 여기에 중 2층까지 연결되어, 결과적으로 반 층씩의 높이 차이를 두고 나눠진 공간이 7개가 있다.

공간사옥(1977)과 신사옥(1997) 평면도 지상 4층

공간사옥(1977)과 신사옥(1997) 평면도 지상 2층

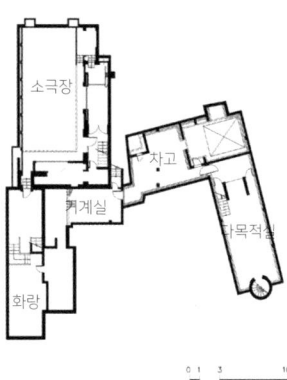

공간사옥(1977)과 신사옥(1997) 평면도 지하 2층

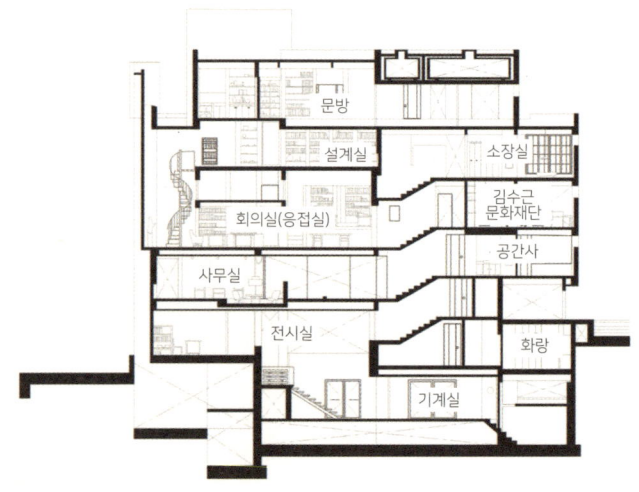

스킵 플로어로 연속되는 공간사옥 구관 단면도, Heeyoon Moon 재작도

    공간사옥 구관은 후에 신관이 증축되면서 각 실의 기능이 바뀌었지만, 구관만 지어질 당시에 실들의 층별 배치는 다음과 같았다. 1층으로 진입하면 홀과 화랑(전시실)이 있었으며, 여기서 한 층 내려간 지하 1층에는 전시실과 기계실이 있었다. 또 1층 홀에서는 주 계단을 통해 2층으로 바로 올라갈 수 있다. 1층의 입구 외에도 주 진입구는 옥외 계단을 반 층 올라간 2층에 있었다. 2층에는 주 현관홀과 사무실이 있었다. 이 2층 주 현관홀에서 반 층을 올라가면 응접실이 있었고, 이 응접실[4]은 다른 층 보다 반 층 정도 층고가 더 높아서 상대적으로 높은 공간감을 준다. 응접실에서 반 층을 올라가면 중 2층에는 김수근 건축가의 거실과 침실이 있었다.[5] 이 거실과 침실 있었던 중 2층의 공간은 김수근 사후에는 김수근기념실인 문화재단으로 꾸며졌다. 지하 1층에서 시작하여 스킵 플로어 형식을 이루는 주 계단이 중 2층에서 끝나고, 여기에서 원형 철재 계단이 3층으로 연결된다. 그리고 3층에는 공간건축사무소의 설계실이, 4층에는 테라스가 있는 온돌방(문방)이 있었다.

아라리오뮤지엄 (구 공간사옥)의 스킵 플로어 ©김란수

둘러싸여 있으나 결코 막히지 않은 공간과 '라움플란'

이론가들은 김수근이 말한 '둘러싸여 있으나 결코 막히지 않은 공간'의 예로서 공간사옥을 든다. 사실, 이 표현은 김수근이 본 설계보다 훨씬 후인 1980년 1월호의 공간 잡지에 실은 마산양덕성당에 대한 소개의 글에서 나온다. 여기서 '공간의 Sequence'라는 소제목으로, 그는 공간 전개의 기법은 암시적이어서 호기심을 유발할 수 있어야 하고, 줄거리를 가진 드라마와 같이 의도된 공간을 연속적으로 배열해야 함을 강조했다. "내부 동선에서 반복적인 순환을 가지고 이러한 공간 조직은 통로의 폭과 천장고 등의 요소들에 의해 변화를 줌으로써 단조로움과 피로함을 털어버리고 '둘러싸여 있으나 결코 막히지 않은 공간 enclosed but endless space'으로 기대될 수 있을 것이다."[6] 김수근은 이미 공간사옥 설계에서 변화하며 연속적으로 이어지는 내부공간의 연출을 의도했다. 우선 '둘러싸여 있는 공간'은 벽돌 구조로 표현했다고 볼 수 있다. 구관의 외벽은

공간사옥 3층과 4층 공간이 트여있는 신관 설계실 모습(2012) ©김란수

아라리오뮤지엄 모습(2015) ©김란수

0.5B 전벽돌 쌓기로, 내부는 1.0B 적벽돌 쌓기로 되어있다. 짙은 회색의 전벽돌로 된 외벽 면은 고르게 쌓아 단아해 보이지만, 적벽돌로 된 내벽 면은 줄눈이 상당히 두꺼워서 둔탁하면서도 원초적으로 보인다. 좁은 건물 내부는 창 면적이 작아서 어둡고 서늘한 동굴처럼 느껴진다. 구관은 크게 두 개의 매스가 붙어있는 형태로, 두 매스 모두 남북 방향으로 긴 형태이다. 주 매스의 기준층 크기는 약 3,600×15,400이며, 보조 매스의 기준층 크기는 약 3,000×8,600이다. 이 두 매스를 만드는 남북 방향으로 긴 세 개의 조적 벽이 이 건물의 주요 구조이다. 따라서 주 매스의 남측과 북측 대형 창을 제외하고는 이 공간사옥 구관은 조적 벽으로 '둘러싸여 있는 공간'인 것이다. 이 공간은 폭이 3.6m 정도로 따로 기둥이 필요 없으며, 특히 서측 외벽은 네 개의 가느다란 형태의 창문을 제외하면 4층 높이의 벽이 층 구분 없이 솔리드하게 올라가므로 외부에서는 건물이 추상적인 벽으로 인식된다. 이 서측 외벽에 최소한의 창만을 둔 것은 오후의 석양 광선을 차단하는 데에도 유리해 보인다.

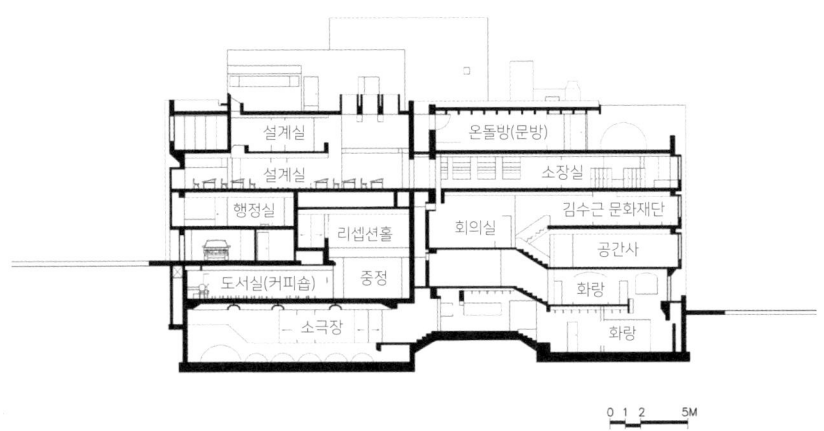

공간사옥 횡단면도, 김태형 재작도

'막히지 않은 공간' 개념은 구관과 신관 설계에서 계단을 매개로 한 스킵플로어 형식으로 나타났다. 신관에서도 구관과 마찬가지로 계단참을 활용한 스킵플로어 형식을 도입해서 지상 2층에 있는 리셉션 홀에서 반 층씩 올라가며 행정실, 설계실들이 이어지도록 했다. 3층의 설계실도 계단참을 활용한 스킵플로어로 나눠져 있으며, 그 위의 4층 설계실에서는 일부 바닥을 없애어 3층 공간과 트여있다. '둘러싸여 있으나 결코 막히지 않은 공간' 개념이 구관에서는 스킵플로어로 된 선형적 공간의 연속으로 되어 있었다면, 신관에서는 보이드 공간을 활용해 중첩하거나, 내부공간과 외부공간을 역동적으로 결합하여 보다 적극적으로 3차원 공간에 대해 실험을 했다. 김수근은 이런 변화하는 공간 장면을 완성도 있게 구현하기 위해 실제 공간감이 생각한 의도와 다르게 지어지면 이를 일부 부수고 다시 짓기도 했다고 한다.

공간사옥 구관의 스킵 플로어 형식이나 신관에서 각 내부 공간을 하나의 입체적인 볼륨으로 다루는 접근 방식은 아돌프 로스$^{\text{Adolf Loos, 1870-1933}}$의 라움플란

아돌프 로스 Adolf Loos의 라움플란 Raumplan의 예:
Haus Müller 평면도, Prague, 1930, Heeyoon Moon 재작도

Haus Müller 단면도, 1930, Heeyoon Moon 재작도

Raumplan 7)개념과 공통된 부분이 있다. 로스는 공간의 축과 가구 배치를 고려하여 필요한 각 공간 내부를 삼차원적인 입방체로 인식했다. 따라서 방들은 각 기능에 필요한 적정한 높이를 다르게 갖게 되고, 서로 연관성 있는 기능끼리 인접하여 배치한다. 이렇게 하면, 높이 조절이 가능한 계단 주위에 각기 레벨이 다른 방들이 모이게 된다. 로스에게 있어서 계단 설계는 공간의 낭비를 줄일 수 있다는 점에서 중요하며, 그는 계단에서 적정한 비례로 주위 공간을 파악할 수 있도록 설계했다. 용도에 맞는 적정한 볼륨이 계단 주위에서 모이기 위해서는 건축물 설계에 있어서 방의 바닥, 천장, 벽이 먼저 설계된 이후에 건물의 외부인 정면facade과 입면이 결정된다. 그러므로 평면, 입면, 단면으로 설계하는 일반적인 방식 대신에 그는 연결된 방들, 대기실, 테라스가 용도에 맞게 자연스럽게

서로 연결되도록 설계하는 방식을 택했다. 특히, 그는 라움플란의 주요 공간에서 그 공간의 품격에 어울리는 마감과 가구를 두고, 밖의 경치를 내다볼 수 있는 창을 크게 두어, 외부와 소통할 수 있게 설계했다. 따라서 로스의 라움플란에서는 층의 구분이 약하며, 공간은 내부와 내부가 계속 이어지고, 내부와 외부가 서로 소통하는 구조를 갖게 된다. 이런 이론이 실현된 로스의 대표적인 작품으로는 뮐러 하우스$^{\text{Haus Müller}}$가 있다. 로스의 라움플란 개념은 내부공간을 먼저 고려한 결과로 외부가 결정되는 방식이며, 뮐러 하우스에서도 삼차원적이고 고급스러운 마감이 된 내부는 백색의 벽에 창문이 단순하게 들어간 외부모습과 대조된다. 공간사옥 역시 계단 주위로 스킵플로어의 각 공간이 입체적으로 형성되었다. 그리고 진회색 계열의 전벽돌과 흑벽돌의 벽처럼 보이는 건물 외형은 적벽돌로 마감된 삼차원적인 내부 볼륨과 대비된다.

창조적인 일을 위한 공간, 문방

구관 3층 설계사무실의 위층인 4층에는 테라스가 있는 온돌방이 있었고, 이곳을 건축가는 문방이라 불렀다. 김수근은 현대생활에 있어서도 명상과 창조를 위한 지적인 여유 공간의 필요성을 강조하며, 이를 '궁극 공간'이라 했다. 이런 공간의 예로서 그는 한국 전통 공간인 '문방(文房)'을 들었다. "문방은 속기(俗氣)가 없는 방이며, 사색과 평정을 위한 공간이며 창조적인 일을 위한 공간이며, 자연 속에 몰입되어 조화를 이루고 있는 방입니다."[8] 조선시대에는 일반적으로 선비들이 생활하며 손님을 맞이하는 방을 사랑방(舍廊房), 그리고 공부하는 서재를 문방(文房)이라 불렀는데, 일반적으로 사랑방에서 문방의 기능이 같이 이루어졌다. 유교 문화의 영향으로 조선시대 선비들은 지조가 있으면서도 청빈하고 검약한 생활을 기본으로 했고, 문방의 내부는 학문을 익히는 데에 방

공간사옥의 문방 (1979) ©Osamu Murai

해가 되지 않도록 최소한의 물건들로 검소하게 꾸며졌다. 홍만선이 지은 「산림경제(山林經濟)」에도 "서가에 잡서를 꽂아두지 말며 책을 높게 쌓아 올려도 속기(俗氣)가 난다"고 했다. 이 공간사옥의 문방에서도 세속적인 화려함을 멀리한 조선시대 사랑방의 내부 모습과 가구 배치를 재현했다. 초기 사진에서 사방이 트인 3층 탁자와 4층 탁자, 책상인 서안, 문갑 등의 문방 가구와 전통 응접 용구인 보료, 안석,[9] 방석, 팔걸이, 목침, 병풍, 장식용 도자기 등이 보인다. 이 문방은 4층인 최상층에 있고, 그 지붕에는 단면 크기가 방 너비에 비해 상대적으로 커 보이는 보를 촘촘이 얹고 내부에서 이것들을 그대로 노출시켰다. 그리고 내부 조적 벽에는 한지를 발라 전통 한옥 분위기 냈다. 또한 온돌방에 장판지를 깔고, 북쪽 창에는 전통 한옥에서 쓰이는 위로 들어 걸어 놓는 벼락닫이창을 내부에 덧달아 마치 조선시대 문방과 같은 분위기를 냈다. 앞서 말했듯이, 공간사

이전에 문방이었던 아라리오뮤지엄 전시실(2015) ©Heeyoon Moon

옥 구관 대지는 매우 협소했고, 3층 설계실 면적은 스무 평도 안 될 정도로 작았다. 계단, 화장실, 복도, 설계실 등 꼭 필요한 공간 면적은 상당히 빡빡했음에도 불구하고, 4층에는 이렇게 다소 형식적으로, 그리고 상대적으로 넓어 보이는 문방을 꾸몄을 정도로 김수근에게는 한국적인 여유 공간을 보여주고자 하는 의도가 강했다. 그러나 협소한 공간 탓인지 김수근 사후에는 이 문방은 없어지고, 이 방은 CG실로 쓰였다.

공간사옥 신관을 증축하면서 건축가는 구관에서 볼 수 없었던 중첩된 반외부 공간들, 그리고 여기에 인접한 커피숍과 소극장을 만들었다. 이렇게 함으로써 구관 4층에 형식적으로 꾸며진 문방보다 좀 더 자유로우면서도 건축가가 이야기한 '사색과 평정을 위한 공간이며 창조적인 일을 위한 공간'에 대한 보다 현실적인 공간을 제시했다. 그리고 일반적인 전통 한옥에서 문방이 따로 없이 사

공간사옥의 김수근 문화재단 (2012) ⓒ김란수

랑방과 겸해 쓰이기도 했던 것처럼 창조적인 일과 사색을 위한 공간은 사무실 공간 자체가 될 수도 있다. 우리가 커피숍에서 차를 마실 때 또는 소극장에서 연극을 보면서 창의적인 아이디어를 얻기도 하지만, 대부분은 일에 몰두하면서 새로운 아이디어를 구체화한다. 건축가는 공간사옥 신관에서 커피숍과 소극장 외에도 일하는 설계실 자체에 새로운 시도를 했다. 구관의 3층에 있었던 설계실을 소장실로 바꾸고, 그 대신에 신관의 3층에 설계실을 구관과 같은 레벨로 만들어 연결시켰다. 4층 설계실 일부 바닥을 없애고 3층 설계실 공간과 트고, 그 위로는 천창을 두어서 3층과 4층 공간을 밝은 분위기에서 서로 소통하며 입체적으로 구성했다. 이 설계사무실에서 일하는 직원들은 이 입체적인 볼륨 안에서 여러 각도에서 일하고 있는 다른 이들의 모습과 소리를 들을 수 있다. 낮은 천장고의 한 방향으로 된 어두운 구관의 설계실에서보다 이 입체적이고 환한 신관에서 일하는 사람들이 좀 더 자유로운 사고를 하지 않았을까.

원형 계단실 벽이 보이는 아라리오뮤지엄 전시실 (이전의 김수근 문화재단) ©김란수

한국적인 휴먼스케일에 대한 달라진 의견

김수근은 "한국의 건축 역사상 특히 뛰어난 건축물을 지탱해주는 것은 물론 그 키^{key}가 되는 것은 독특한 스케일이며, 인간에게 적응된 디자인을 위한 스케일이다"[10] 라고 주장했다. 그래서인지 비평가들도 공간사옥에 대해서 '휴먼스케일'이라 언급하며, 이것을 '한국인의 체형에 맞는' 또는 '적정한' 공간이라고 해석하기도 했나. 과연 그러한가? 구관의 경우 스킵 플로어 형식으로 된 6개 공간들의 층고는 2,230mm에서 2,480mm 사이이며, 응접실 또는 회의실에 해당하는 한 층만이 3,670mm로 다른 층고의 1.5배 정도를 쓰고 있다. 신관의 경우에도 구관의 층 레벨을 기본으로 스킵플로어 방식을 채용했기 때문에 비슷한 층고를 유지하고 있다. 법적으로 공동주택의 최소한의 반자 높이[11]를 2,100mm로 규정하고 있는데, 이 공간사옥 구관의 천장고도 대부분 2,100mm를 간신히 넘는 정도이므로 사무실의 천장고로는 매우 낮은 편이다. 천장고뿐 아니라 계단 폭, 통로 폭, 문의 폭, 화장실 크기 등이 매우 협소하다.

공간사옥의 비좁고 위태로운 계단(2012) ⓒ김란수

공간사옥 (현재 전시실)의 낮은 천장 높이
ⓒ김란수

구관에서 3층 설계실에 가기 위한 계단은 보통 협소한 공간에서나 쓰이는 작은 원형 철재 계단이며, 이 계단의 폭은 대략 54cm이다. 한국인 평균 남성의 겉옷 어깨너비가 50cm 내외이니, 휴먼스케일이라기보다는 참 비좁은 폭이다. 사실 사람마다, 나라마다 편안하게 느끼는 공간의 볼륨은 편차가 심하다. 예로서 미국 일반 호텔의 공간 크기와 일본 도심 호텔의 공간 크기가 얼마나 다른지 비교해도 알 수 있다. 또한 시대에 따라서도 휴먼스케일이라고 느끼는 공간의 볼륨 크기는 많이 달라졌다. 특히 빠른 경제성장과 더불어 서구화와 국제화가 급속히 진행되고, 70년대에 비하여 평균 신장과 체구가 많이 커진 현재의 한국 사람이 편안하게 느끼는 심리적인 공간의 볼륨도 상당히 커진 것을 알 수 있다. 그래서 현재에 사는 내가 공간사옥의 좁은 공간을 체험할 때에 들었던 생각은 아늑한 휴먼스케일 공간이라기보다는 '70년대에는 건축가가 이렇게 작은 공간들을 세심한 디테일로서 끼어 맞췄구나!' 였다. 그리고 김수근 건축가의 체구가 궁금해졌다. 남아있는 사진에서 본 김수근 건축가의 키는 크지 않으며, 단지 그는 체구에 비하여 머리와 얼굴이 큰 태양인 유형에 속하는 것으로 짐작된다.

현재의 아라리오뮤지엄도 전시관으로 개조하기 위해 대수선을 했음에도 불구하고 공간사옥의 원형을 많은 부분 보존했다. 그리고 각 공간에 현대미술품을 적절히 놓음으로 건축예술과 현대미술의 시너지 효과를 냈고, 이것을 통해 관람객에게 신선한 예술 경험을 주는데 성공했다고 보인다. 작은 공간들이 오밀조밀하게 얽혀 있는 공간사옥은 실상 기존의 능률적인 사무실 기능보다는 크지 않은 설치미술품으로 전시 효과를 내는 데에 더 잘 어울린다. 물론 미술관으로 개조되면서 사라진 부분들에 대한 건축적인 아쉬움이 있다. 건축가 김수근과 장세양을 기리는 기념실은 이제는 이곳에서 사라졌으나, 그들의 건축물 자체는 좀 더 대중이 접근하기에 쉬워져서 다행스럽다. 그리고 일반 관람객들은 이런 현대미술품 감상과 더불어 미로와 같이 얽힌 공간사옥의 특이한 공간 자체를 더 구석구석 체험할 수 있게 되었다.

한국적인 조형물들로 각인되는 무채색 외부공간

적벽돌로 마감된 공간사옥 내부공간은 추상적이고 내부지향적이지만, 신관이 지어지게 되면서 생긴 흑벽돌과 석재로 마감된 무채색의 외부 공간은 한국적인 조형물들로 쉽게 인시된다. 공간사옥에는 두 개의 중정이 있다. 반지하 중

문석인 한 쌍이 놓인 공간사옥 구관과 신관 전경 (1979) ©Osamu Murai   아라리오뮤지엄 전경 (2017) ©Heeyoon Moon

정은 위층의 슬래브^{slab}와 주위 벽들로 어느 정도 막힌 반 외부공간이다. 또 다른 중정(마당)은 한옥, 담, 벽으로 둘러싸이고 하늘로 트인 외부공간이다. 건축가는 바닥, 천장, 벽을 이용하여 외부공간을 적당히 한정시켜서 3차원적인 입방체로서의 중정을 만들었고, 이를 서로 중첩시켜서 연속적인 장면처럼 구성했다. 그리고 이런 난해하고 중성적인 외부공간의 연속에서 기억하기 쉬운 장소로서 관람객의 머릿속에 남도록 적재적소에 특이한 조형물을 활용하여 각 공간에 특징을 부여했다. 건축가는 특히 외부공간과 반외부공간에서 추상적인 벽을 배경으로 하여 문석인, 종, 정낭, 석지, 석탑과 같은 전통 분위기가 나는 조형물을 활용하여 결과적으로는 그 공간들 하나하나를 각인시키는 효과를 주었다. 이러한 각 공간은 건축가가 말한 대로 '연속성이 의도된 공간'이며, 그 공간들이 이어지면서 결과적으로는 한국적인 '줄거리를 가진 드라마'를 보여주었다.

먼저, 율곡로에서 건물 입구 쪽으로 오르면, 건물 서측 벽이 시작하는 부근에 문석인(文石人) 한 쌍이 있었다. 사람이 서 있는 형상을 한 이런 형태의 석인은 중국에서 한국으로 전해졌으며, 신라 시대부터 조선 시대까지 쓰였다고 한다.

아라리오뮤지엄 외벽 모습과 조형물 (2015)
©Heeyoon Moon

석인에는 복두(幞頭)¹²⁾를 쓰고 손에 홀(笏)을 든 공복 차림을 한 문석인(文石人)과 갑옷과 투구로 완전무장한 무석인(武石人)이 있다. 이 석인은 왕이나 왕비의 능 앞에 쌍으로 세워졌으며, 능을 수호하는 의미를 지녔다. 공간사옥 앞에 있었던 문석인 한 쌍도 수호의 상징으로 놓았던 것 같으나, 현재에는 없다. 이 문석인 쌍이 남아있었더라면 고인이 된 김수근과 그의 작품인 공간사옥을 수호하는 의미가 좀 더 부각되었을 것이다.

　대로변에서 좀 더 골목길을 오르면 건물의 조경 화단 안에 있는 주물로 된 종 형태의 조형물이 보인다. 초기에는 공간사옥에 화랑이 있었기 때문에 무채색의 조적벽 또는 담쟁이 넝쿨을 배경으로 여러 형태의 조형물들이 있었다. 그래서 사람들은 이것들을 감상하며, 건물 입구를 찾았다. 공간사옥 입구는 건물 외벽 안쪽으로 들어가 있어서, 그리고 이것은 캐노피가 있는 일반 건물의 출입구와는 다른 모습을 하고 있어서, 공간사옥을 처음 방문한 사람은 그 입구를 찾는 데에 당황했었다. 건물의 주출입구 부분을 잘 관찰하면, 아래쪽으로는 건물의 반지하 중정인 반외부공간이 보이고, 위쪽으로는 계단이 휘어져서 올라가는

이전 공간사옥의 주출입구와 현재 공간소극장의 입구 모습 (2017) ©Heeyoon Moon

공간사옥 입구의 조형물과 반지하 필로티 밑 중정의 석지 (2012) ©김란수

방향이 건물의 주출입구를 향하고 있었다. 이렇게 스킵플로어 형식으로 계단이 아래와 위로 갈라지는 부근에 건축가는 외벽재와 같은 흑벽돌 조적의 단을 만들었고, 그 위에 금속 조형물을 놓았다. 그리고 그 조형물의 위치가 대충 눈높이가 되어 시야에 잘 들어왔다. 그래서 이 금속 조형물을 본 이후에는 이것은 공간사옥의 출입구를 상기하는 상징물로 각인되는 효과가 있고, 그래서 공간사옥을 다시 찾을 때는 이 조형물로 인하여 그 출입구를 쉽게 찾을 수 있었다. 그러나 공간사옥이 아라리오뮤지엄으로 바뀌면서 이 조형물은 사라졌다.

입구 아래쪽인 건물 밑에는 반지하 중정이 있다. 지하 층에 있는 소극장 공간사랑으로 가려면 건물 입구 부근에서 이 반지하 중정 쪽으로 내려가야 한다. 내려가는 입구에는 제주도의 정낭과 비슷하게 보이는 나무 막대가 예전에는 가로로 걸쳐져 있었다. 제주도의 정낭은 세 개의 나무 막대를 돌기둥이나 나무기둥에 끼워 사용하는데, 여기 공간사옥에서는 흑벽돌 조적의 단을 양쪽에 만들어 막대 두 개를 가로로 걸쳐 놓았다. 소극장에서 공연이나 옥외 행사가 있을 때를 제외하고 평상시에는 이 나무 막대를 끼워서 일반인의 접근을 차단했다. 일반적인 방범 자바라나 알루미늄 셔터를 사용하지 않고, 이런 토속적인 형태로 만들어 친근감 있게 표현하여 통제에 대한 거부감을 최소화했다고 보인다.

이 반지하 중정 한가운데에는 방형의 석지(石池)가 있었다. 한국 전통건축 정원에서는 연못을 만드는데, 그 터에 연못을 팔 조건이 되지 않을 경우에는 석지를 놓기도 하였다. 석지는 하나의 돌을 방형으로 하여 그 중앙을 파서 만들었는데, 여기에 물을 담고 일반적으로 연꽃을 키웠다. 공간사옥 당시 지하 1층에 커피숍이 중정을 면하고 있었고, 이 중정에서 옥외 행사가 있을 때는 이 커피숍의 문을 열어 내외부가 소통하게 했다. 그러면 이 작은 석지로 인해 이 반지하 중정은 옛 분위기가 나는 풍치 있는 장소가 되었을 것이다. 아라리오뮤지엄으로 바뀌면서 입구의 금속조형물, 정낭의 막대, 석지는 사라졌다.

공간사옥 중정 마당의 석탑과 한옥 (2012) ⓒ김란수

　이 반지하 중정에서 저 멀리 중정 마당에 있는 석탑과 한옥이 보인다. 이 마당으로 가려면 다시 계단을 세 단을 올라 작은 반외부공간을 거쳐서, 여기서 다시 계단 몇 단을 내려가야 한다. 이 마당은 서측으로는 구관의 전벽돌 벽으로, 동측으로는 한옥으로 둘러싸여 있다. 또 북측의 계단으로는 신사옥으로 갈 수 있으며, 남측으로는 흑벽돌의 낮은 담 위로 율곡로 거리 풍경이 보인다. 각기 레벨이 다른 외부공간들을 통해서 대지 경계 밖의 도시 풍경이 시각적으로 연결된다. 이렇듯이 외부공간들의 여러 겹으로 관입된 구성방식은 건축가가 말한 '둘러싸여 있으나 결코 막히지 않은 공간' 개념과도 일맥상통한다. 사람들이 이 중정을 다시 찾아왔을 때 자신들이 이전에 봤던 조형물들을 기억하고 이곳을 정감 있는 장소로 친근하게 느낀다. 외부공간에 있는 한국적인 조형물과 한옥은 공간사옥의 동측으로 창덕궁이 있고, 북서 측으로는 북촌한옥마을이 있다는 위치적 특성[13]으로 인하여 더욱 설득력을 갖는다. 이런 한국적인 외부공간의 모습은 공간사옥 당시 2층의 리셉션 홀의 여러 방향으로 난 창을 통해서도 다른 각도에서 감상할 수 있었다.

공간사랑과 김수근의 예술사랑

  소극장 공간사랑은 김수근이 신관 지하층에 만든 극장으로 1977년 공간사옥 신관을 완공하면서 개관했다. 공간사랑이란 이름은 이미 1974년 '공간사랑의 밤'이란 제목으로 구사옥 지하 갤러리에서 공연이 있었고, 이때 지어졌다고 한다. 이 소극장은 극장 40평, 부속시설 20평으로 최대 150석의 인원을 수용할 수 있었다. 공간사랑은 당시의 다른 소극장들에 비하여 좋은 조명, 음향 시설을 갖추고 있었을 뿐 아니라, 여기에서는 네 종류의 목재 박스를 조합하여 무대 및 객석을 공연 목적과 장르에 맞게 변형시킬 수 있었다. 이런 가변적인 수용성 덕분에 공간사랑에서는 다양한 공연이 열렸다. 이 공간사랑은 김덕수의 사물놀이와 공옥진의 병신춤이 처음으로 선보인 곳으로도 유명하다. 각 지방의 무속굿, 인형극, 시낭송회, 현대무용의 밤, 모노드라마, 재즈 공연 등 새로운 프로그램들을 이곳에서 무대 예술화할 수 있었으며, 그 외에 공간 하계대학과 동계대학 등 문화예술교육 프로그램도 운영했다. 이 공간사랑은 근대 한국공연예술사에서 중요한 역할을 담당한 소극장으로 평가받는다. 이런 김수근의 문화예술에 대한 열정적인 후원 행적은 그의 건축 작품과 더불어 1977년 〈타임〉^{Time} 지에 '서울의 활발한 로렌초'$^{\text{The Swinging Lorenzo of Seoul 14)}}$로서 소개되기도 했다. 여기서 그는 이탈리아 피렌체에서 르네상스 예술가들을 후원했던 메디치가의 로렌초 데 메디치$^{\text{Lorenzo di Piero de' Medici 15)}}$에 비유되었다. 이 소극장은 1986년 김수근의 타계와 공산사의 재정문제로 1990년에 폐관되었다. 그 이후 이것은 공간그룹의 소강당으로 쓰이다가 현재에는 아라리오뮤지엄이 '공간소극장'으로 그 명칭을 바꾸어 운영하고 있다.

1970년대 공간사랑 소극장에서의 공연 장면 ©Osamu Murai

공간사옥 당시의 소강당 (2012) ©김란수

공간사옥에서 배출한 한국 건축가 집단

1977년에 완공된 공간사옥은 김수근의 건축 경력에서 전환점이 된 건물이다. 그는 공간사옥을 통해서 이전의 과감한 형태로부터 한국적인 공간으로 그의 건축 정체성을 전환했다. 1960년대에 김수근은 워커힐호텔 힐탑바, 자유센터, 과학기술연구원 본관, 부여박물관 등의 건축물에서 과감한 형태의 노출 콘트리트 기둥과 지붕으로 된 일체화된 매스를 만들어 음영의 극적 대비 효과를 추구하였고, 강한 인상을 주는 건축을 잇따라 발표했다.[16] 그러나 부여박물관은 지면으로부터 솟아오른 노출 콘트리트의 인(人)자형의 큰 경사 지붕과 지붕 위로 솟아오른 독특한 형태의 골격이 일본 신사의 이미지를 연상시킨다는 이유로 거센 비평을 받았다. 1965년의 부여박물관 설계로 인하여 왜색 시비에 시달렸던 김수근은 1960년대에 보여준 노출 콘트리트의 기념비적인 형태에서 탈피하여 건축적인 새로운 이슈를 '공간' 이라는 무형의 개념으로 제시하려고 했다. 그에 따르면 "우리나라 전통의 기저에는 공간이란 인간의 특질을 높이기 위한 것이라는 개념이 존재한다."[17]

그가 자신의 건축 정체성을 '공간' 개념에서 찾으려고 했다는 근거는 그가 1966년에 창간한 종합예술잡지인 월간 〈공간〉의 잡지명과 더불어 1972년에 그의 건축사무소 명을 '공간연구소'로 변경한 것[18]에서도 엿볼 수 있다. 1970년대 중반까지는 공간연구소의 인원은 15명 내외였고, 그래서 소위 아틀리에 식으로 사내의 분위기는 가족적이었다. 공간사옥을 소개하는 책에는 김수근 문하생들이 문방에서 자고 있는 사진이 있는데, 이 사진 한 장에서 당시에 김수근에게 배우고자 모여든 젊은이들이 건축설계에 얼마나 열정적이었는지를 짐작할 수 있다. 그들은 집에 가지도 않고 밤낮없이 사무실에서 건축설계에 몰두했던 것 같다. 그래서인지 국내에서는 타의 추종을 불허할 정도로, 윤승중, 김원, 유걸, 김석철, 류춘수, 장세양, 승효상, 이종호, 방철린, 김영준, 김효만 등 현재에 잘 알려진 건축가들을 많이 배출했다. 승효상과 류춘수는 정인하와의 인터뷰에서, 공간 설계사무소에서 젊은 인재들을 혹독하게 훈련시켜 훌륭한 건축가로 성장시

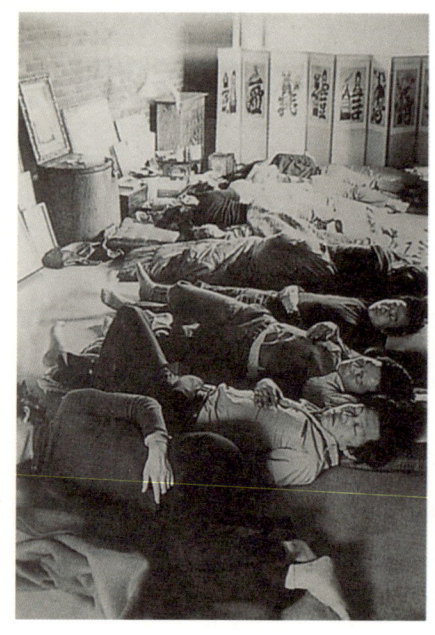

문방에서 자는 공간 직원들
출처: 김수근, 장세양, 공간사옥, Spacetime, 2003

킨 일이 김수근이 한국 건축계에 남긴 가장 두드러진 공로[19]라고 평했다.

1977년 공간사옥 신관을 완공된 즈음에 김수근은 대한민국을 대표하는 건축가로 국제적으로 알려졌다. 그의 작품과 예술 후원 행적은 1977년에 〈타임〉지에 소개되었고, 1978년에는 공간사옥이 국제적으로 알려진 일본 잡지 〈A+U〉에 비평과 함께 실렸다.[20] 또한 1979년에는 김수근의 작품이 일본 〈SD〉 잡지의 특집호[21]로도 출간되었다. 공간사옥 신관이 완공된 이후 1970년대 후반기에 공간연구소 인원이 100명을 넘었다. 그럼에도 건축에 대한 열정은 여전히 지속되었다. 그러나 이런 열정적 분위기에서 소속원 개인의 건강이나 사생활에 대한 생각은 소홀했던 것 같다. 그래서인지 김수근은 만 55세[1931-1986]에 간암으로, 공간그룹의 2대 대표인 장세양은 만 49세[1947-1996]에 과로로 한창 활동할 나이에 사망했다.

공간사옥에서 아라리오뮤지엄 인 스페이스 (서울관)으로의 변신

공간사옥은 크게 세 차례에 걸쳐서 지어졌다. 김수근(1931-1986)이 설계한 전벽돌의 공간사옥 구관은 1971년에 착공되어 당해 12월에 골조 공사가 완성되었다. 그리고 흑벽돌의 공간사옥 신관은 1975년에 증축을 시작하여 1977년에 완성되었다. 김수근의 타계 후에 공간그룹의 2세대 대표인 장세양(1947-1996)이 설계한 유리 외피의 공간 신사옥은 1997년에 준공되었다. 2013년에 공간사옥과 신사옥이 공간그룹의 부도로 민간에 매각되어 철거될 가능성이 제기되자 문화예술계 인사 110여 명은 긴급 기자회견을 열어 공간사옥을 보호하고자 등록문화재로 지정해 달라고 요구했다. 현행 문화재보호법에 따르면 등록문화재의 등록기준은 50년 이상이 지난 것을 원칙으로 하지만, 당시에 42년이 된 공간사옥은 "50년 이상이 지나지 아니한 것이라도 긴급한 보호조치가 필요한 것은 등록문화재로 등록할 수 있다"는 조항을 적용하여 2014년에 등록문화재 제586호로 지정되었다. 2013년에 ㈜아라리오가 공간사옥과 신사옥을 매입하여 각각 아라리오뮤지엄 인 스페이스(서울관)와 식당으로 2014년에 오픈하였다. 아라리오뮤지엄은 ㈜아라리오의 창업자인 김창일 회장이 30년이 넘게 수집한 국내외 현대 미술품들을 기반으로 하고 있다.

공간사옥 연혁

1971년	공간사옥 (구관) 준공, 공간화랑 설립
1972년	'김수근 건축연구소'에서 '㈜공간연구소'로 상호 변경, 법인설립
1977년	공간사옥 증축 (신관), 공간사랑 개관
1997년	공간 신사옥 준공 (장세양 설계)
2013년	㈜아라리오가 공간사옥 매입
2014년	등록문화재 제586호로 지정, 아라리오뮤지엄 인 스페이스(서울관) 개관과 식당 개업

아라리오뮤지엄 식당 (구 공간 신사옥) 외관 ©Heeyoon Moon

시간의 'STRATA(지층)', 극적 대비 효과를 의도한 공간 신사옥

　김수근이 설계한 공간사옥 신관은 1977년에 완공되었고, 그 이후 20년 뒤인 1997년에 제2대 대표인 장세양$^{1947-1996}$이 설계한 공간 신사옥이 준공되었다. 장세양은 1986년 작고한 김수근 별리 10주기를 추모하며, 1996년 6월에 신관 설계를 발표했다. 이 건물은 1997년에 완공되었으나, 장세양은 이 건물의 완공을 보지 못한 채 1996년 9월에 과로사했다. 다시 말하면, 김수근이 작고한 지 10년 후에 장세양이 세상을 떠났고, 공간사옥이 준공된 지 20년 후에 신사옥이 준공된 기막힌 사연이다. 장세양은 자신이 죽기 3개월 전에 김수근 별리 10주기를 위한 '한국 현대건축의 또 다른 지평'이라는 세미나에서 공간 신사옥의 설계 개념인 '스트라타-시(時)의 적(積)'에 대한 강의를 했다. "STRATA는 지층을 의미한다. STRATA는 지층의 쌓임을 말하지만, 꼭 물질의 쌓임만을 의

한옥마당과 아라리오뮤지엄 식당
(구 공간 신사옥) 외관
©Heeyoon Moon

한옥마당이 보이는
공간 신사옥 2층 회의실 (2012)
©김란수

공간사옥과 한옥마당이 보이는 아라리오뮤지엄 식당의 투명한 커튼월 모습 ©Heeyoon Moon

미하는 것은 아니다. 시간의 흐름에서 만들어진 모든 것들. 물질적인 것 뿐 아니라 정신적인 것의 쌓임도 포함하는 것이다."[22] 장세양에 따르면, 그가 설계한 공간사옥 신관은 김수근의 공간사옥과 "시각의 축에 꿰여 공존"함으로써 결국 지층을 형성한다. "이는 김수근 선생의 공간사옥에 덧붙여 짓게 될 새 건축물이 시종 염두에 두었던 부분이다. 공생이란 해법을 통하여 나는 시간의 적층으로서 STRATA의 의미를 되새기고자 했다."

　장세양이 언급한 대로 공간 신사옥은 시간상으로는 공간사옥에 적층되었고, 공간상으로는 공간사옥 바로 옆에 공존하고 있다. 이 두 건축물은 완전히 다른 외형을 보이며 서로의 특질이 뚜렷이 대비되는 지층을 형성했다. 사실 지층은 퇴적될 당시의 환경 상황에 따라 하나의 지층 면에 특유한 화석이나 암석을 포함하고, 그런 성분의 차이로 인하여 상·하의 지층이 구별되는 것이다. 그리고 일정 시간 동안 비슷한 성분이 퇴적될 때 같은 지층 면을 유지한다. 하나의 지층 면의 두께는 아주 얇은 두께부터 수십 미터에 이르는 두께도 있다고 한다. 따라서 대비되는 층으로 나눠진다는 것은 새로운 환경의 시작을 의미한다. 장세양은 김수근의 공간사옥을 걸작이라 인정하면서도, 20년이 지난 장세양의 시대 상황에서 지어질 새 건축물이 공간사옥 스타일을 이어가는 것은 무의미하다는 것을 알고 있었다. 공간사옥 건축물 역사라는 관점에서 볼 때에 시대 상황을 반영하는 새로운 지층면을 형성함으로써 두 건물이 뚜렷이 대비될 때, 공간사옥의 전체적인 건축 가치를 새로운 각도에서 다시 드러낼 수 있다. 이 두 건축물의 대비되는 특징에 대해 다음과 같이 나누어 이야기 해 볼 수 있다.

첫째, 전벽돌 외피로 된 공간사옥 구관은 벽돌 자체로 구조와 외피를 모두 쌓았고, 흑벽돌 외피로 된 신관에서는 내부구조는 기본적으로 철근 콘크리트 구조이지만, 내부는 붉은 벽돌로 마감했다. 공간사옥은 작은 벽돌들을 한 장 한 장 사람의 수공을 들여 쌓아서 지었다. 그래서 수공예적이며, 단단하고 안정적인 외관을 보여준다. 도로를 길게 끼고 있는 공간사옥의 서측은 전 층을 한 번에 올라가는 벽으로 되어 있다. 이 벽에는 몇 개의 작은 창문들만이 있어서 층 구분이 어렵고, 또한 내부에 어떤 공간이 있는지 외부에서 전혀 예측할 수 없다. 이런 불투명한 공간사옥과는 대조적으로 신사옥은 철근 콘크리트 구조에 유리 커튼월이 건물의 세 면을 감싸고 있다. 통유리 외피는 기계로 생산된 매끈한 면을 하고 있으며, 투명해서 가벼워 보이며 비물질적으로 느껴진다. 또한 투명한 외피를 통해서 그 건물 내부가 훤히 들여다보일 뿐 아니라 그 건물이 구축된 방법을 적나라하게 드리낸다. 매 층의 철근 콘크리트 슬래브에 유리 커튼월이 고정되어야 하므로 유리판의 높이는 정확히 층고와 일치해야 하고, 유리판도 등 간격 너비로 나눠서 설치되었다. 유리판 끝 면이 상하좌우열의 유리판과 최소한의 조인트만을 유지하면서 설치되어야 하므로 기계 조립과 같이 정밀한 시공이 요구된다. 기존의 수공예적인 손맛이 느껴지는 기법에서 벗어난 매끈하고 정밀한 디테일에서 테크놀로지를 기반으로 한 변화된 건축 산업 환경을 실감한다. 장세양은 이런 시대 상황을 반영하는 새로운 건축적인 지층 면을 적나라하게 드러내고자 했다.

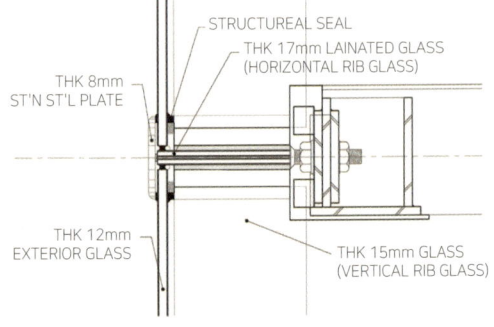

공간 신사옥 외벽의 O.P.G. 시스템(2012) ⓒ김란수   공간 신사옥 OPG 디테일, Heeyoon Moon 재작도

    공간 신사옥의 유리 커튼월 디테일에 있어서는 PFG[Point Fixed Glazing 23]시스템 중에서도 당시의 최신 공법이 쓰였다. PFG 시스템은 강화유리에 구멍을 뚫어 여기에 특수 볼트를 끼워서 서로 인접하는 판유리를 고정해주는 유리 커튼월 시스템 공법이다. 외부에서는 유리를 지지하는 프레임이 없고, 평탄한 유리면과 그 모서리 부근에 원형의 볼트 머리만이 보인다. 내부에서는 뼈대 유리[rib glass], 로드 트러스[rod truss], 와이어[wire] 또는 스테인리스 파이프[stainless pipe]등의 구조물에 고정된 브래킷이 유리면을 받쳐준다. 이 시스템에서는 유리판을 직접 잡아주는 프레임이 없어서 건물 전체 투명성과 개방감이 극대화되는 장점이 있다. 유리면에 뚫은 볼트 구멍 주위로 집중되는 풍압이나 하중을 분산하도록 내진설계가 되어야 하고, 따라서 주로 건물 저층부에 한정되어 쓰인다. 특수 힌지 볼트는 유리의 중량과 내풍압력에 의한 휨모멘트와 휨응력이 유리의 구멍 주위에 가해지지 않도록 어느 정도 자유 회전도 가능하다. 금속 부품의 재질은 스텐리스 스틸이며, 일명 스파이더 브래킷[spider bracket]이라고 하는 X형 브래킷이 가장 많이 쓰이고 있다. 그러나 공간 신사옥에서는 스파이더 브래킷 형태보다 좀더 실용적인 가칭 O.P.G.[One Pont Glazing]공법[24]을 사용했다. X형 브래킷인 경우

에는 네 개의 판유리가 만나는 모서리 근방에서 각각의 유리 모서리 안쪽 면에 네 개의 구멍을 뚫고 각각 볼트를 끼운 후에, 이 네 개의 볼트를 X형 브래킷이 한꺼번에 잡아준다. 반면에, 신사옥에서 쓰인 O.P.G. 공법의 경우에는 네 개의 판유리가 만나는 모서리 지점에서 한 개의 앵커 로드$^{\text{anchor rod}}$가 네 개의 판유리의 모서리를 한 번에 잡는다. 따라서 신사옥에서는 일반 볼트 지름보다 큰 지름 100인 앵커 로드가 사용되었다. 그리고 이 앵커 로드는 내부에서 수직의 뼈대 유리$^{\text{rib glass}}$와 수평의 철재 브래킷에 고정되었다. 이런 공법을 적용해서 기존의 PFG 볼트형보다 유리 커튼월 시스템의 시공 비용은 1/5로, 공정기간은 1/3로 줄일 수 있다고 한다.

둘째, 공간 신사옥이 공간사옥과 대비되는 특징은 공간의 외향성과 내향성의 차이라 할 수 있다. 공간사옥은 마당과 중정을 끼고 있고, 내부의 실들은 이런 건물 영역 안에 있는 옥외공간을 바라보도록 설계되었다. 또한 4층의 설계실 중앙에는 천창이 있고 아래층으로도 뚫려 있어 마치 아트리움과 같은 공간이 형성되며, 따라서 이곳 역시 내향성이 강하다. 물론 건물의 남북으로 비교적 큰 창이 있지만, 건물 전체는 두꺼운 벽으로 둘러싸여 외부에 대해 폐쇄적이며, 내부는 대체로 어둡고 내향적이다. 반면에, 공간 신사옥은 노출 그 자체이며 외향적이다. 건물의 삼면과 주 계단실도 유리 커튼월로 되어 있으며, 그나마 벽이 있는 부분도 내부와 외부 모두 노출 콘크리트로 되어 있다. 내부에 거주하는 실에서도 구조, 설비, 배관이 노출되어 있다. 신사옥은 북서측 모퉁이에 있는 최소한의 코아 벽을 제외하고는 조망을 모두 외부로 열어놓았다. 신사옥 내부에서는 서측으로는 한옥과 마당 그리고 담쟁이로 뒤덮인 공간사옥이, 남측으로는 율곡로 대로변의 도시풍경들이, 그리고 동측으로 창덕궁 안의 여러 전당, 누정, 마당과 담들이 파노라마로 펼쳐진다.

투명한 유리벽을 통해 열린 전망을 감상할 수 있는 아라리오뮤지엄 식당(2017) ©Heeyoon Moon

투명한 건축물이 되기 위한 디테일과 공간 관리

신사옥 건물은 공간사옥과의 사이에 한옥과 마당을 두고 있어서 공간사옥이 앉혀진 각도보다 더 벌어져서 주어진 대지의 모양대로 자연스럽게 배치되었다. 결과적으로 공간사옥과 거리를 두어 공간사옥을 좀 더 관조할 수 있는 여유를 얻었고, 좀 더 창덕궁 쪽을 향함으로써, 창덕궁 마당을 신사옥의 마당처럼 시각적으로 누릴 수 있게 했다. 이 신사옥 역시 4.8m 폭에 건축 면적이 약 125m² (약 38평) 인 비교적 작은 규모의 사무실이지만, 삼면을 투명한 외피로 하여 외부의 훌륭한 조망을 낸 것으로 만들어서 확장된 공간감을 얻었다. 이렇게 바닥 슬래브에서 위층 슬래브 밑까지 막힘없이 열린 시야를 얻기 위하여 세심하게 디테일을 마무리한 모습을 볼 수 있다.

먼저 구조적으로 외벽 측에 기둥을 두지 않았다. 사실 신사옥에는 기둥이 없으며, 원형 계단의 원통형 벽, 내부공간에서 2/3 지점에 있는 두 개의 벽, 그리고 건물 뒤편의 코어 벽이 내력 구조에 해당된다. 이런 수직 구조체를 잇는 중앙 보에서 양편으로 캔틸레버로 나간 슬래브가 각 층을 지지한다. 주 계단의 구조 역시, 중앙에 노출 콘크리트 벽을 세우고 여기에서 계단 구조물을 양 쪽 캔틸레버로 지

과도한 일사량과 프라이버시 보호로 커튼을 친 어수선한 공간 신사옥 당시의 설계실 모습 (2012) ⓒ김명규

지했다. 이런 간결한 구조체 형태는 신사옥의 야경 사진에서 확인할 수 있다. 삼면의 외벽은 투명유리이기 때문에 해가 진 이후에 내부조명을 켜면 건물은 발광체가 된다. 구조뿐 아니라 설비 디자인에서도 천장에 매달린 설비, 배관과 조명은 노출 콘크리트와 비슷한 회색 계열로 최대한 천장 면에 붙여 설치하여 눈에 띄는 것을 최소화했다. 무엇보다도 외피인 판유리의 유닛과 같은 크기의 전동 롤스크린을 커튼 박스 없이 지상 전 층에 최대한 외부 유리에 붙여서 일괄적으로 설치하여 일사량을 조절하면서도 깔끔한 외관을 유지 할 수 있게 했다. 이와 같이 투명한 건물 외관을 위하여 건축 디테일적으로 노력한 흔적을 찾을 수 있다. 그러나 공간 사무소로 쓰일 당시에 신사옥은 그 안에 들어간 설계사무실의 업무 특성상, 그리고 면적 자체가 협소하고 여유가 없어서, 결과적으로 내부의 모습은 진정으로 투명한 공간을 보여주지 못했다. 내부에서는 과도한 일사량과 프라이버시 보호로 커튼을 쳐야했고, 사무용 집기들도 어수선했다. 이런 외피가 투명한 건물은 미스의 환스워스 주택처럼 여유 있는 공간 속에서 세련되게 디자인된 가구를 최소한으로하여 정교하게 배치했을 때에 그 공간의 투명성이 더 선명하게

아라리오뮤지엄 식당 (구 공간 신사옥)의
내부 구조체가 드러난 외관 ©Heeyoon Moon

느껴진다. 투명한 외벽에 기대어서 사무용 집기류를 둘 수 없기 때문에 이런 관점에서 이 건축물이 아라리오뮤지엄의 고급식당으로 그 용도가 바뀐 현재에 건축물의 투명성이 더 확보되었다고 할 수 있다.

공간사옥에 대한 신사옥의 오마주^{Hommage} 표현

공간사옥과 신사옥의 대비되는 점은 플로어 구성에서도 드러난다. 공간사옥은 여러 층이 스킵 플로어로 구성되어 계단을 중간에 두고 반 층씩 분리되어 있다. 계단은 실에서 분리되지 않고 그 일부가 되어 김수근이 말한 '결코 막히지 않은 공간'으로 이어져 있다. 반면에 신사옥은 계단실과 거주하는 실이 나뉘어 있고, 층들이 분명하게 구분되어 적층되어 있다. 다만, 2층에서 회의실 부분의 슬래브가 계단을 4단 내려와서 다른 부분보다 낮은 레벨로 만들어져 있다. 회의실을 따로 만들지 않고, 2층 바닥 레벨을 둘로 나눠서 설계실과 회의실 영역으로 구분했

아라리오뮤지엄 식당 (구 공간 신사옥)
원통형 구조체와 캔틸레버 구조 ©김란수

다. 이렇게 계단을 두고 한 층의 바닥 레벨을 둘로 나눈 모습과 회의실 남쪽 앞의 공간의 층고를 두 층으로 높게 한 모습이 공간사옥의 응접실을 연상시킨다. 이 응접실도 후에는 회의실로 변경되었으며, 스킵 플로어이며, 다른 층보다 반 층 정도 층고가 더 높다. 장세양은 신사옥 2층 회의실 영역을 설계하면서 공간사옥의 회의실을 떠오르게 하는 일종의 오마주 Hommage 를 표현했다고 보인다. 오마주란 존경, 경의를 뜻하는 프랑스어이며, 영화 분야에서 주로 나타난다. 존경하는 대가가 만들었던 영화작품 중에서 감명 깊은 주요 장면이나 대사의 일부를 자신이 만든 영화에 삽입시킴으로써 그 대가의 재능과 업적에 대한 존경심을 표하는 행위를 말한다. 이런 김수근에 대한 오미주 표현은 신사옥의 콘크리트 원통형 벽 안의 원형 계단에서도 느낄 수 있다 (이 계단은 아라리오뮤지엄 식당으로 개조될 때에 엘리베이터로 변경되었다.) 이 단단한 벽인 원형 구조체는 공간사옥의 철재 원형 계단이 있는 벽돌로 된 원통형 벽을 떠오르게 한다. 장세양은 김수근의 공간사옥과 대비되는 건축물을 지으면서도 그 내부에서 공간사옥을 감상할 수 있도록 의도했으며, 공간사옥의 어떤 부분이 신사옥 내부에서도 연상되도록 설계했다. 공간 신사옥은 지하 1층, 지상 5층 규모이며, 2층에 장세양기념실이 있었다. 2014년부터는 신사옥 전체 건물이 아라리오뮤지엄 식당으로 쓰이고 있다.

설계 김수근, 장세양 / 공간종합건축사사무소
위치 서울시 종로구 율곡로 83
규모 지하1층, 지상5층

1) 김수근, "범태평양 건축상 수상강연 (1971년)," 좋은 길은 좁을수록 좋고 나쁜 길은 넓을수록 좋다 (재수록), 공간사, 1989, pp.260-265
2) 공간사옥의 도면 참조, 김수근, 장세양, 공간사옥, Spacetime, 2003, p.198
3) 정인하의 김원석과의 인터뷰, 정인하, 김수근 건축론, 시공문화사, 2000, p.232
4) 이 응접실은 후에 회의실로 바뀌었다.
5) 공간사옥의 기존 평면도 참조, 김수근, 장세양, 공간사옥, Spacetime, 2003, pp.204-205
6) 김수근, "마산 성당-신(神)과의 만남," 좋은 길은 좁을수록 좋고 나쁜 길은 넓을수록 좋다 (재수록), 공간사, 1989, p.289
7) Walter Zednicek, Adolf Loos, Wienerarchitektur.at, 2004, pp.154-180
8) 김수근, "범태평양 건축상 수상강연 (1971년)," 좋은 길은 좁을수록 좋고 나쁜 길은 넓을수록 좋다 (재수록), 공간사, 1989, p.264
9) 벽에 세워 놓고 앉을 때 몸을 기대는 방석
10) 金寿根, "現代建築における伝統の発露" A+U, 1978.03, p.98
11) 천장고와 반자 높이는 동의어이며 마감 바닥에서 천장까지의 길이이고, 층고는 아래층 바닥 높이에서 위층 바닥 높이까지를 말한다.
12) 조선 시대에, 과거에 급제한 사람이 홍패를 받을 때 쓰던 관(冠). 사모같이 두 단(段)으로 되어 있으며, 위가 모지고 뒤쪽의 좌우에 날개가 달려 있다.
13) 1971년 공간사옥 구관이 지어질 당시에 북촌 한옥마을 남측 끝에 있는 이 대지는 삼면이 낮은 한옥과 양옥으로 둘러싸여 있었고, 정면의 대로인 율곡로 방면으로는 한전변전소가 있었다. 현재에는 대지의 북측으로 원서공원이, 동측으로 창덕궁이, 서측으로는 현대그룹 본사사옥이 있으며, 대지 남측에 있던 한전변전소가 이전함에 따라 율곡로 대로변에 공간사옥이 바로 접하게 되었다. 결과적으로 공간사옥은 현대그룹 본사사옥이 있는 서측을 제외한 남북동의 삼면이 열린 조망을 얻었고, 도심의 좋은 입지에 있다.

14) "The Swinging Lorenzo of Seoul," Time, 1977.05.30., p.23

15) 로렌초는 미켈란젤로, 레오나르도 다 빈치, 보티첼리 등 당대의 뛰어난 예술가들을 후원했다. 이 같은 후원은 15세기 피렌체가 이탈리아가 르네상스 운동의 중심지가 되는 데 중요한 역할을 했다.

16) 워커힐호텔 힐탑바에서는 워커의 W자를 상징한 형태의 노출 콘트리트 골격을 제시했고, 자유센터에서는 지붕을 받치는 역동적인 형태의 노출 콘트리트 열주 형태를 자유를 상징하듯이 기념비적으로 표현했다. 이 두 건물들은 창의적인 형태의 골격을 취한 반면에, 과학기술연구원 본관 건물은 르 코르뷔제의 라 투레트 수도원의 형태를 닮았다. 1960년대 후반부에는 김수근은 종합예술잡지인 <공간>을 발행했고, <종로3가 재개발>과 <여의도 종합개발> 등의 도시 계획을 했으며, 한국종합기술개발공사 사장에 취임하며 건축을 넘어서는 폭넓은 경력을 쌓았다.

17) 金寿根, "現代建築における伝統の発露" A+U, 1978.03, pp.98. 그러면서도 그는 같은 문화 지역에 있는 한국과 일본 사이에 왜 차이점이 있어야하는지에 대해서는 반문했다.

18) 김수근은 1960년에 '김수근 건축연구소'로 개설하였다가, 1971년에 공간사옥 구관을 설계하고, 1972년에는 (주)공간연구소로 상호를 변경하고 법인으로 설립했다.

19) 정인하, 김수근 건축론, 시공문화사, 2000, p.143

20) - "Space Group of Korea Building", A+U, 1978.03, pp.79-98

21) S. Chang(Time-Life 記者), "S.G.K.," SD, 1979.08 (Kim, Swoo Geun 특집)

22) 장세양, '건축가 장세양의 마지막 강의, (김수근 선생 10주기 "한국 현대 건축의 또 다른 지평"의 세미나 내용 중 일부)', 건축인, 1996.10

23) 국내에서는 SPG (Special Point Glazing: 한글라스 계열) 또는 TPG (Tempered Point Glazing: KCC 계열)로 불리운다.

24) 이 명칭은 국제적으로 통용되는 용어는 아니지만, 공간종합건축사사무소가 공간 신사옥의 커튼월시스템을 설명하기 위해 임시로 정하여 부른 명칭이다. 김수근, 장세양, 공간사옥, Spacetime, 2003, pp.154-165

환기미술관 Whanki Museum

김환기의 그림을 닮은 환기미술관 본관

 환기미술관은 1974년에 별세한 수화 김환기 화백[1913-1974]을 기념하기 위하여 그의 미망인 김향안이 1992년에 건립한 미술관이다. 김향안은 서울시 부암동에 환기미술관 건립을 계획했고, 생전의 김화백과 돈독한 친분이 있었던 재미 건축가 우규승에게 설계를 의뢰했다.[1] 사실, 이 부부가 머물렀던 곳은 성북동이었으나, 옆 동네인 부암동의 터도 그의 생전 작업실 동네와 비슷한 분위기를 내어 이 대지를 선정했다고 한다. 환기미술관 터는 북한산 기슭의 골짜기에 있으며, 동쪽 산 위로는 북한산성이, 서쪽으로는 인왕산 바위가 보이는 주위 풍경이 아름다운 곳에 있다. 서울 시내 근처에 있으면서도 부암동의 이런 주위 경관은 산, 달, 바위, 나무, 구름, 섬 등 한국의 자연을 그림의 소재로 취하여 이 요소들을 간결하고 추상적으로 표현한 김환기 화백의 작품 분위기를 연상시킨다.

 김환기 화풍 변천 과정을 요약하자면, 초기에는 서양의 입체파적인 표현, 중기에는 반추상의 직관적이고 서정적 형태 표현, 그리고 말기에는 구체적인 형상 표현을 자제하고 그 대신에 시공을 초월한 보편적인 추상표현을 주로 했다. 이런 변천 과정에서 환기미술관의 외부 모습은 특히 그의 중기 경력에 해당하는 반추상의 작품 표현과 닮았다. 주 건물인 미술관 본관의 쌍으로 된 긴 볼트^{vault} 지붕은 환기미술관의 트레이드마크처럼 방문객에게 각인되는데, 이런 둥글면서도 단순한

환기미술관 전경 ©Heeyoon Moon

김환기, 항아리, 1955-56, 캔버스에 유채, 65x80cm ©환기재단 환기미술관

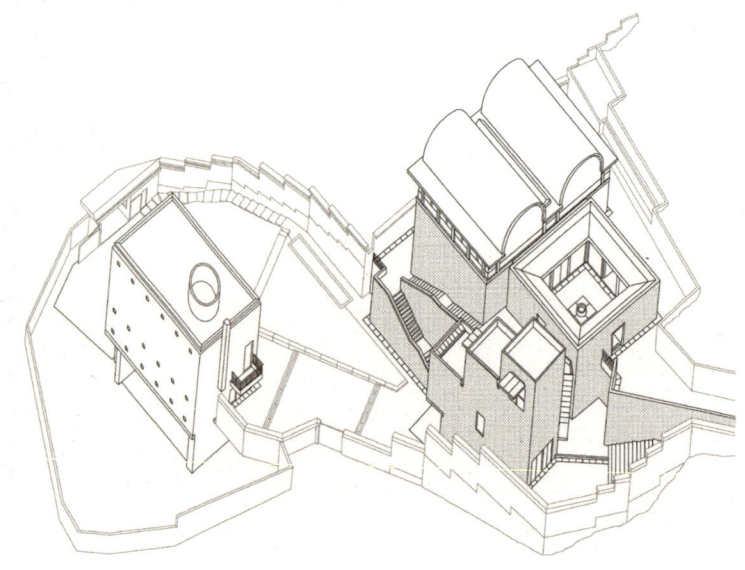

환기미술관 본관(右)과 별관(左) 엑소노메트릭, Heeyoon Moon 재작도

형태는 김환기의 그림에 자주 등장하는 굵은 선들로 간결하게 표현된 항아리를 연상시킨다. 또한 볼트 지붕 뒤의 하늘은 그가 중기 회화에서 주로 바탕색으로 자주 칠한 한국적인 푸른빛이다.

  김환기 작품은 단순해 보이지만 치밀하게 계획된 구성을 따라 각 요소는 유기체처럼 조화롭고 또 노래를 부르는 듯이 서정적이며, 시적이다. 미술관 본관도 주위 풍경과 연합되도록 건축가가 설계했다. 이것은 하나의 건물이나, 외부에서는 세 개의 매스로 분절되어 각기 다른 형태를 취하면서 주위 맥락과 자연스럽게 동화되어 보인다. 세 개의 매스란 첫째 방형의 매스, 둘째 이 매스 서측에 있으며 계곡의 축과 일치하는 동서 방향으로 긴 볼트가 쌍으로 덮인 매스, 그리고 방형 매스 남측에 있는 세 단의 계단처럼 보이는 매스를 말한다.[2] 환기미술관의 남측과 서측 주변 대지에는 1-2층의 단독주택과 3-4층의 다세대 주택이 섞여 있으며, 주변 건물들의 규모는 작다. 본관 대지는 복잡하게 생긴 비

환기미술관 별관 전경과 부암동 일대 풍경 ©Heeyoon Moon

환기미술관 본관 입구부분 ©김란수

환기미술관 별관 ©Heeyoon Moon

정형이며, 게다가 전면도로와 고저 차가 8m 이상의 급경사에 있다. 미술관은 아기자기한 주위 주거 건물들과는 다르게 공공성을 띤 건물로서 비교적 높은 천장고과 볼륨이 필요했다. 건축가는 외부에서 보이는 본관 건물이 덩치 큰 건물로 인지되지 않도록 하나의 건물을 마치 세 개의 매스처럼 보이도록 분절하여 적절히 배치했다. 또한 주위 자연환경이나 동네 분위기를 고려하여 건축가는 큰 용적이 필요한 공간은 대지의 낮은 쪽에 배치했다.

전통건축분위기를 주는 혹두기 마감 계단 벽 ©Heeyoon Moon   순환하는 옥외 계단과 입구 매스 ©김란수

한국적인 서정성을 표현한 건물 벽과 담장

현대 추상미술을 하면서도 한국적인 서정성과 동양적인 수묵화 분위기를 섬세하게 결합한 김환기 작품처럼 환기미술관 본관은 현대건축이면서도 한국 전통건축의 분위기를 낸다. 이런 분위기를 내기 위해 건축가는 전통건축에서의 배치방식, 형태, 그리고 디테일을 적용했다. 전체적으로 볼 때 경사가 가파르고 대지가 협소할 때 전통 궁궐건축이나 사찰건축에서 하듯이 규모가 크지 않은 건물들을 담장으로 규정된 영역 안에 '가법적으로^{addictive} 배치하는 방법'[3)]을 썼다. 전통건축을 상기시키는 데에 있어서 처음에 눈에 띄는 부분은 납을 입힌 동판으로 된 쌍둥이 볼트지붕이다. 중앙에 솟아 있는 이 지붕과 담장 위에 얹혀진 지붕의 색상은 전통 기와 색상과 비슷하다. 담장 지붕도 특이한 형태지만 누구나 이것을 보면 전통 담장의 기와를 연상할 것이다. 다음으로는, 본관 외벽 재료 디테일과 마감이 한국 전통건축을 연상시킨다. 건물 옹벽에 마감된 석재는 실제로는 철근 콘크리트 구조체에 건식으로 클래딩^{cladding}되어 있지만, 마치 전통건축에서 석재 덩어리 그 자체를 한 반 물림 바른 층 쌓기를 한 것처럼 보인

전통기와 담장이 연상되는 담을 따라 순환하는 계단과 사이 마당 ©Heeyoon Moon

다. 이렇게 보이는 이유는 이 벽의 석재가 일반적으로 클래딩되는 외벽 석재의 크기보다 그 사이즈가 작기 때문이다. 본관을 끼고 있는 옥외 계단 벽에는 문경석을 혹두기 마감으로 하여 육중한 돌이 축조된 성벽과 같은 이미지를 주며 이를 통해 이 대지 전체의 진중함을 표현했다. 반면에 건물 외벽은 포천석으로 본갈기 마감으로 하고 모서리마다 날을 입힌 동판을 삽입시켜 전통건축의 판재 느낌을 표현했다. 그 외에도 정문 근처의 커다란 소나무나, 입구 앞쪽으로 자연스럽게 꾸며진 정원이 전통건축의 옥외공간을 연상시킨다.

M.C. Escher's "Relativity"
© 2017 The M.C. Escher Company-The Netherlands. All rights reserved

순환하는 기하학적 공간

　환기미술관 외부와 내부 모습은 대조된다. 건축물 외관이 주위 골짜기 축을 따라 분절되고 층층이 배치되어 주위 자연의 스케일과 리듬을 맞추면서 전통건축 분위기를 의도했다면, 미술관 본관의 내부는 현대적이고 추상적이다. 미술관 본관 중심에는 방형 매스가 자리 잡고 있다. 이 매스의 3층은 계단실로 둘러싸인 사각형 옥외 중정으로 되어 있어서 밖에서 쳐다 봤을 때는 방형 매스로 인지된다. 본관 내부에서는 이 8m의 방형 공간이 실제로 전체 공간의 중심이 되는 동시에, 환기미술관의 상징적 공간 특성을 가장 잘 드러낸다. 지상 3층인 이 방형의 매스의 내부는 1층과 2층이 오픈되어 있고, 이 오픈된 공간 사방으로 주 계단이 돌아가며, 그 주위에 있는 실들로 연결된다. 이 공간은 전시실 기능을 포함한 다목적 홀로서 그 방형 입방체의 공간구조가 그대로 드러나서 현실 공간이 아닌 것처럼 느껴지기도 한다. 이곳은 한국적이며 자연친화적으로 보이

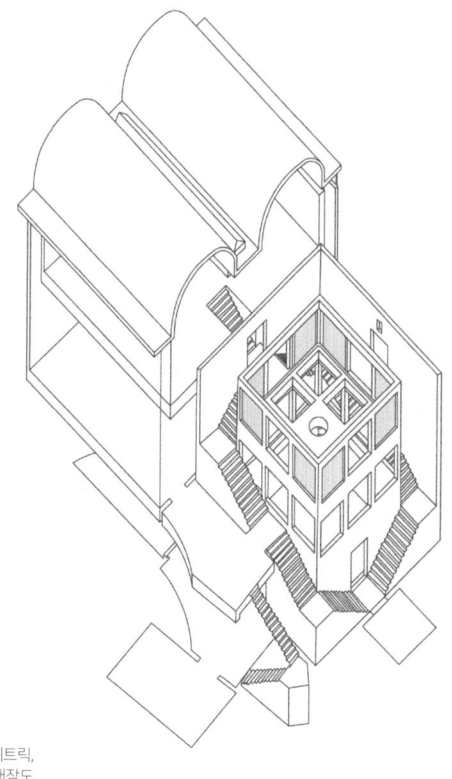

공간의 순환구조를 보여주는 본관 내부의 엑소노메트릭,
Heeyoon Moon 재작도

는 건물 외관과는 대조적으로 물질성이 없어진 백색 추상 공간이다. 1층은 개구부를 제외하고는 흰색 벽으로 막혀 전시장으로 활용 가능하며, 2층 부분은 구조체를 제외하고는 뚫려 있어 주위로 돌아가는 계단 동선 흐름을 한눈에 파악할 수 있다. 이 공간은 2층까지로 되어 있고, 그 위의 3층 부분은 옥외 중정이 된다.

이 방형 볼륨은 외곽 네 면으로 주 계단이 순환하는 구조로 되어 있는데, 이 계단은 1층에서 3층까지 연결되어 있다. 모든 층의 계단은 계단참을 사각형의 각 모서리에 두고 ㄴ자 혹은 ㄱ자 형태이며, 그 ㄴ 또는 ㄱ의 선의 길이로 한 층 높이를 올라갈 수 있게 계산되어 있다. 그리고 사각형 네 면의 중심에서 다른

계단에서 올려 본 3층의 천창과 유리블럭 벽 ©김란수

공간으로 가는 입구가 나 있다. 계단에서 위로 올려다보면 비스듬한 천창이 높이 있고, 또한 옥외 중정을 감싸는 유리 블록을 통해 반투명의 빛이 들어와 계단 공간은 매우 환하다. 이런 계단의 밝은 공간은 중앙의 최하층에 있는 방형의 어두운 전시실과 대비된다. 계단은 대칭으로 두 개씩 놓여 있으므로 관람자는 방향을 선택할 수 있는데, 다른 층으로 이동할 때에 마주 보는 두 개의 계단으로 인해 관람자는 실제의 공간보다 더 많은 공간이 있다고 착각하는 경향이 있다. 본관 1층에서 관람한 후에, 실제적으로 지상 2-3층에서 관람할 수 있는 전시공간은 긴 볼트 지붕이 쌍으로 있는 매스 안의 아래층과 위층뿐이다. 볼트 지붕 밑의 전시공간은 외부에서 기대한 만큼의 공간 볼륨 효과는 없다. 내부에서도 천장 모양은 볼트형이나 이곳에 천창은 없고 색다른 마감도 없어서 이 공간에 대한 특별한 인상을 갖을 수 없다. 그런데도, 관람자들은 본인이 선택하지 않은 다른 계단으로 가면 다른 전시실이 있을까 하여 이 전시공간을 둘러 본 후

출입구 직각 방향으로 보는
8m의 방형 공간 ©김란수

출입구 방향으로 보는
8m의 방형 공간 ©김란수

다시 다른 계단으로 올라가본다. 관람자들은 여러 개의 건물처럼 보이는 본관 건물 외관 때문에, 혹은 저렴하지 않은 관람료를 지불한 것 때문에 본관 내부의 전시물을 다 둘러 본 후에도 전시공간이 더 있을 것이라 기대하는 것 같다. 그래서 다른 쪽 계단으로 가는 것을 시도하지만, 결국 조금 전에 가본 전시실이라는 것을 확인하게 되고, 그러면서 전체 내부 공간구조를 이해하게 된다.

유리블럭 벽이 감싸는 방형 3층 중정과 중앙의 조형 작품
©Heeyoon Moon

단을 이루며 순환하는 옥외공간의 연속
©Heeyoon Moon

이 미술관 본관 내부에서 관람자들은 미술품도 감상하지만 그와 동시에 건축물 자체의 기하학적인 공간 구성에 대해서도 이해하게 된다. 이런 기하학적인 공간을 입체적으로 정교하게 구성한 건축가 우승규는 서울대학과 하버드대학을 졸업한 수재이다. 이 방형 볼륨 주위의 순환하는 계단은 예셔[M.C.Escher]의 Relativity[1953]의 작품에서 보여주는 4차원적으로 계속 순환하는 계단을 연상시킨다. 그러나 환기미술관에서는 여러 레벨의 공간을 돌고 있어도, 그 중심에 있는 방형의 빈 공간으로 인해 관람자는 방향 감각을 잃지 않고, 미로에서처럼 좌절한다기보다는 그 건축공간을 구조를 파악하게 된다. 2층 계단에서는 내려다보는 위치에서 1층 중앙 방형 공간에 전시된 작품들을 새로운 각도에서 다시 감상할 수 있다. 반면에, 그 위의 3층은 유리 블록으로 감싸진 방형 외부 중정이 된다. 외부 중정의 중앙에는 빛 우물 구조물 위에 의미심장해 보이는 조형 작품이 있다.

담을 따라 순환하는 계단과 마당
©Heeyoon Moon

순환하는 담을 따라 있는 계단과 마당

당초 설계에는 3층까지의 내부 전시실을 감상한 후에 이 3층의 외부의 중정으로 나갈 수 있었다. 그러나 이곳을 개방하면 외부에서 내부로의 무단 진입이 통제되지 않아 현재에는 밖으로 나가는 유리문이 잠겨진 상태이다. 환기미술관에서는 내부 전시실 외에도 가파른 경사지를 오르내리며 순환 가능한 옥외공간이 매우 인상적이다. 건축가는 비정형의 대지 가운데에 정형의 건물군을 놓고, 그 주위를 에워싸는 레벨 차가 나는 비정형의 옥외공간을 순환하는 길로 설계했다. 이 순환하는 길의 한편엔 건물 외벽이, 다른 한편엔 담장이 있다. 그 길을 따라 걸으면 그 길의 폭이 넓어졌다 좁아졌다 하면서, 경사지에 있기 때문에 계단과 테라스가 반복된다. 평평한 테라스에는 아담한 크기의 마당이 자연스럽게 생기며, 여기에서는 간혹 먼저 본 건물의 내부공간을 유리창을 통해 들여다 볼 수도 있다. 옥외공간도 내부공간과 마찬가지로 계단을 통해 순환하는 구조이며, 건물 주위를 끼고 한 바퀴를 돌고 나면 다시 본관 정면에 도달하게 된다. 옥외공간을 순환하면서 담장과 건물 너머로 보이는 경치는 한 폭의 그림 같다. 담장을 따라 옥외 계단과 작은 마당을 돌면서 보는 풍경에서 조금 전에 내부 전시실에서 본 김환기 화백의 작품에 등장한 산, 달, 바위, 나무, 구름 등 한국적인 자연을 실제로 느껴볼 수 있다.

환기미술관 입구 로비의 김환기화백 사진 ©김란수

김환기 화풍의 변천 과정

　김환기는 20대 초반에 일본에서 유학했으며, 그 이후에 서울, 파리, 뉴욕에서 활동했다. 그는 한국적인 서정성을 추상화로 표현한 한국추상미술 분야의 1세대에 속한다. 그의 화풍이 변모하는 모습은 크게 세 단계로 나누어 볼 수 있다. 첫째, 일본 유학시절에 입체파와 미래파 등 서양 전위미술의 영향을 받아 30대 초반까지 화폭에 여러 각도에서 보는 대상의 복합적인 표현에 몰두했다. 이 시기의 그는 서구적인 화법으로 표현했고, 그가 그린 대상은 여인, 종달새, 항아리, 매화, 피난열차 등으로 여기에서 일제강점기와 피난 시절의 정서와 연민도 느껴진다. 둘째, 30대 초반부터 40대 후반까지 그는 단색조의 바탕 위에 반추상의 직관적인 형태를 굵은 선들로 간결하게 표현했다. 그림 주제로서는 산월, 달, 섬, 사슴, 새, 항아리 등 고국과 고향을 떠올리는 한국적인 주제를 절제하여 표현하는 서정적인 시(詩)와 같은 반추상 회화를 선보였다. 이 시기에 그려진 회화 바탕으로 그는 청색 계열을 주로 썼는데, 그는 자신이 표현하는 한국의 '푸른(청靑) 빛깔'이 서양의 '블루Blue'와 다르다는 것을 강조했다. 그에게서 한국적인 청색은 서양의 우울한 블루와는 다른 희망과 생명을 상징한다. 마지막으로, 그는 1963년『상파울루 비엔날레』에 참가한 이후에 뉴욕에 정착했는데, 1974년 별세하기까지 이곳에 살면서 다양한 회화 재료와 기법을 실험하면서 그 만의 독특한 한국적인 추상미술을 개척했다. 무수한 점들의 집합으로 이루어진 그의 후기 회화는 캔버스에 유화물감을 사용하면서도 한지나 천에 스며드는 자연스러운 번짐을 보여주는 동양의 수묵화와 같은 느낌을 준다.

설계 우규승 / 우규승 건축연구소
위치 서울특별시 종로구 자하문로40길 63
규모 지하 1층, 지상 2층

1) 환기 미술관은 본관 한 채와 별관 두 채로 구성되어 있다. 이 중 우규승 건축가가 설계한 건물은 본관 한 채와 별관 한 채이다. 본관과 떨어진 별관은 본관 공사 중에 대지가 확보되어 1993년에 준공되었다. 별관은 지상 2층으로 되어 있으며, 1층에는 기념품점을 겸한 카페테리아가 있고, 2층에는 기획 전시실이 있다.

2) 본관 2층 전시실에는 김환기의 작품 중 100호 이상인 대작들이 상설 전시되어 있다. 1층과 3층은 김환기 기획전시 또는 다른 예술가들의 기획전시를 위해 쓰이고 있다. 세 단의 계단처럼 보이는 매스의 내부 공간은 본관의 부속 기능을 담당한다. 이 매스의 1층에는 입구와 화장실이, 2층에는 관장실과 도서관이, 3층에는 스튜디오와 테라스가 있다.

3) 우규승, "환기미술관," 월간 건축문화, v.153, 1994.02, p.111

김옥길기념관 Kim Ok Kil Memorial Hall

점층적인 형태로 된 구축물

　김옥길기념관은 신촌의 연세대학교 캠퍼스와 맞닿아 있다. 이 건축물은 건축주인 김동길[1928-] 박사가 사는 주택건물의 앞마당에 지어졌고, 18평 정도의 건축면적이 나올 수 있는 작은 건물이다. 김동길은 그림을 보고 차를 마시며 담소할 수 있는 공간을 주문한 것 외에 다른 일체의 건축 설계에 관한 아이디어는 건축가 김인철에게 일임했다고 한다. 김인철은 18평 바닥면적을 갖는 작은 건축물을 만드는데 있어서 "가두어지지 않는 공간을 가두려 애쓰기보다 풀려난 공간의 영역이 방해받지 않고 무한히 확장되었으면 한다"[1] 는 의도를 가지고 건축면적의 협소함을 극복하려 했다. 그는 사다리꼴로 된 대지에서 대지형상을 따라 건물 벽을 비스듬히 놓는 대신에 주택과 건물 정면에 직각이 되도록 짧은 벽들을 최대한 대지 경계선에 붙여 같은 방향으로 층층이 세웠다. 평면상으로는 대지에서 가장 바깥으로 튀어나온 벽이 가장 길고, 대지 후면으로 갈수록 벽들의 길이가 대지의 모양에 대응하여 자연스럽게 줄어드는 형상이다. 평면상에서 보이는 이런 층층의 벽들은 입면 상으로도 같은 방식으로 적용되어 가장 긴 벽이 가장 높으며, 거기서 벽들의 높이가 층층이 낮아진다. 전체적으로 보면 벽과 지붕이 일체화된 구축물이 반복되며 점층적으로 확대되거나 축소되는 모습이다. 내부에서 보면 벽들 사이에 여러 틈이 생겼고, 각 틈을 통해서 외부로의 조망이 열렸다. 결과적으로 내부 공간의 협소함은 심리적으로 완화되었다.

김옥길기념관의 준공 직후의 저녁 전경 ©아르키움

김동길박사 주택의 앞마당에 지어진 김옥길기념관 전경(2017) ©Heeyoon Moon

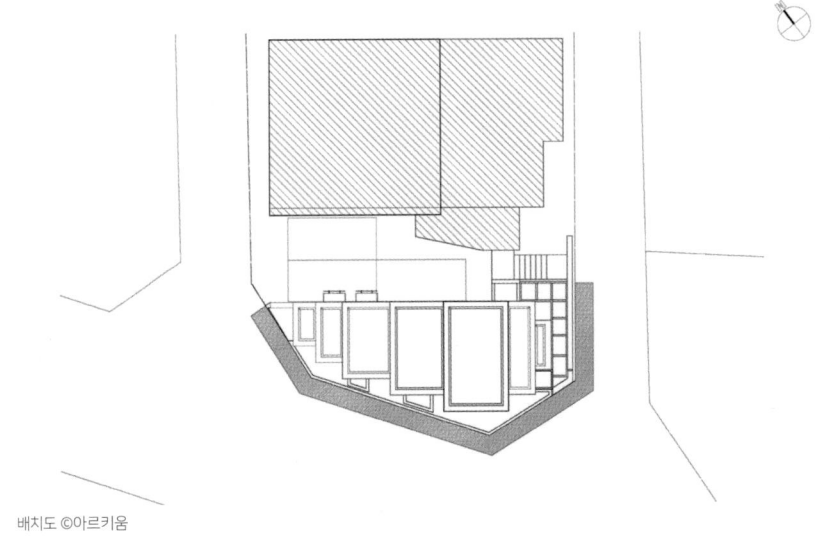
배치도 ⓒ아르키움

기념을 위한 예술 오브제$^{objet\ d'art}$ 건축과 폴리^{Follies}

　김옥길기념관이라는 건물명은 건축주인 김동길이 지었다. 그는 연세대학교 철학과 교수로 오랫동안 재직했으며, 무소속 국회의원을 지낸 정치가 겸 시사평론가이기도 하다. 그는 뛰어난 언변으로 학생들에게 인기 있는 교수였으며, 정치 부패를 풍자하고 비판하다가 옥고를 치르기도 했다. 그는 자신의 주택 앞마당 터를 내어 작고한 친누나인 김옥길$^{1921-1990}$을 기리는 이 기념관을 지었다. 김옥길은 이화여자대학교 기독교학과 교수를 역임하였고, 특히 이 대학 총장으로서 18년 동안 장기 재직하였다. 김여사 역시 뛰어난 언변으로 여성교육 분야와 기독교 분야에서 활발한 활동을 하였으며, 문교부 장관을 역임하기도 했다. 특히 이 남매는 모두 평생 독신으로 지낸 것으로도 유명하다. 연세대학교 바로 옆에 있는 이 김옥길기념관을 보면서 이곳을 지나가는 사람들은 친 오누이가 평생을 바쳐 인재교육과 사회활동에 헌신한 행적을 기릴 것이다. 이런 점에서 건물이라기보다 예술 오브제$^{objet\ d'art}$처럼 보이는 김옥길기념관의 특이한 형태는 일리가 있다. 이 건축물의 지붕과 벽의 두께는 모두 300mm로 일정

건물 입구 부근 담에 있는
김옥길여사 부조 동판
©Heeyoon Moon

하다. 건물 외형은 노출 콘크리트로 단순화된 추상형태이며, 결과적으로 미니멀한^{minimal} 장소구축물$^{site-construction\ 2)}$로 보인다. 또한 이것은 단순화된 매스인 비석처럼 망자의 존재를 상기시킨다. 그리고 실제로 이 건물의 정면 입구부근에서 사람들은 김옥길 초상이 그려진 부조 동판을 발견한다.

건축주인 김동길이 언급했듯이 김옥길기념관은 그 건물 자체가 예술품이며 기념물로 보이는데, 이런 관점에서 이 건축물을 일종의 폴리^{folly}로 간주할 수 있다. 폴리란 '비교적 작은 규모의 눈을 끄는$^{eye-catcher}$ 외관을 한 야외 구조물'$^{3)}$을 말한다. 유럽 고전 정원에서 폴리는 죽은 사람을 기리거나 그 정원을 소유한 주인을 찬양할 목적으로 또는 그 땅에 특별한 의미를 부여하고자 지어지기도 했다.$^{4)}$ 기념을 위한 고전 폴리로는 그로토$^{grotto\ 5)}$, 폐허 건축물, 신전, 파빌리온, 기둥, 비문이 있는 구축물 등이 있으며, 이런 폴리를 지어서 그 대지

요절한 아내에게 헌정된 기념비와 같은
보마르초(Bomarzo) 정원의
'초원의 신전' 폴리.
16세기, 이탈리아 ⓒ김란수

의 공간 표현과 장소성의 의미를 더욱 부각시킬 수 있었다. 예를 들어 보마르초 Bomarzo, Sacro Bosco 정원의 가장 높은 곳에 지어진 '초원의 신전'은 요절한 아내 줄리아 파르네세에게 헌정된 기념비 폴리이다. 특히 신전 형상의 폴리는 대지의 중요한 지점에 세워져서 상징적인 장면을 연출했다. 이것은 속세를 벗어난 신화적인 분위기를 내며 정원 조경을 이상향에 대한 환상으로 전환시키는 역할을 한다. 또한 유럽에서는 개인이 자신의 정원에 고전 신전을 세움으로써 고대 그리스와 로마의 고전문명을 이어받은 전수자라는 자부심을 드러냈다.[6] 초원의 신전에서 깨어진 Broken 페디멘트 박공지붕으로 씌워진 현관을 지나면 신전 안에는 돔을 얹은 작은 예배당이 있다. 이것은 세상의 무서운 힘과 쾌락으로부터 구원을 상징한다.[7] 이런 엄숙한 분위기의 신전과는 대조적으로 보마르초 정원의 가장 낮은 지역에 있는 '기울어진 집'은 방문객들에게 색다른 즐거움을 주

방문객에게 색다른 즐거움을 주는 보마르초 정원의 '기울어진 집,' 16세기, 이탈리아 ⓒ김란수

기 위해 지어졌다. 이 기울어진 집은 그 기단이 바위 위에 놓여 있으나 의도적으로 건물을 기울여 지어서 위태롭고 불안한 느낌을 준다. 이 건물은 실제로도 경사진 2층 건물이며, 그 내부에도 들어갈 수 있어서 방문객들은 외부에서 본 기울어진 집이 내부에서는 어떤 느낌인지를 식접 경험할 수 있다. 내부에 있는 방들의 경사는 불규칙하고 벽면과 바닥이 만나는 각도도 직각이 아니기 때문에 이런 공간에서 사람들은 공간의 거리와 각도에 대한 착시와 어지러움을 느낀다.

김옥길기념관 계단실 ©김란수

색다른 경험을 주는 폴리와 입체파 공간$^{cubist\ space}$ 경험

　폴리의 어원은 광기, 비이성, 터무니없음을 뜻하는 불어 'folie'에서 유래되었다. '유럽의 폴리$^{Follies\ of\ Europe}$'의 저자인 홈즈^{Holmes}는 폴리를 '즐거움과 오락을 위한 사치스러운 건물$^{extravagant\ edifice}$'8) 이라 정의했고, 모트와 알$^{Mott\ \&\ Aall}$도 놀람과 경악^{surprise}이 폴리 개념의 중심이라 했다. 또한 여러 폴리들 사이에 공통점이 있다면, 그것은 '환상^{fantasy}'이라는 요소이며, 무드, 교제, 마술 등이 폴리의 본질이라고 했다.9) 김옥길기념관에서도 고전 폴리와 비슷하게 비교적 작은 규모의 야외 구조물이라는 기본 특성을 찾을 수 있다. 그와 동시에 사치스럽고 눈을 끄는$^{eye-catcher}$ 외관과 특이한 내부 공간 분위기를 통해서 색다른 경험도 준다. 우선, 김옥길기념관은 기존 주택건물과의 사이에 야외 테라스를 두고 그 앞마당에 별동으로 지어졌다. 그러면서도 앞마당을 차지한 김옥길기념관

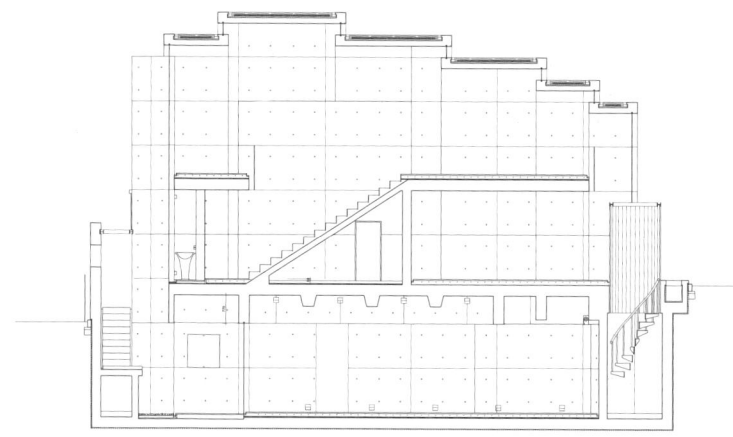

김옥길기념관 단면도 ©아르키움

은 그 세 면이 길에 접하고 있어서 그 대지면적의 협소함을 잊게 하며, 동시에 세 면의 길에서 지나가는 사람들은 이 건물의 독특한 형상을 입체적으로 감상할 수 있다. 벽과 지붕 구조가 일체화된 구축물이 반복되며 점층적으로 확대되거나 축소되는 외부모습은 사람들로 하여금 내부 공간에 대한 호기심을 유발하여 이곳을 둘러보도록 유혹한다.

외부에서 예상하는 건물 내부 공간에 대한 기대감은 어떤 면에서는 충족되고, 어떤 면에서는 못 미치고 있다. 우선, 기대에 못 미치는 부분은 외부에서 보이는 벽과 지붕 구조가 일체화된 형상이 내부에서는 두 층으로 나뉘어서 그 구조를 내부에서 온전히 감상할 수 없다는 것이다. 고전 폴리에서는 시각적 사치스러움을 위해 내부 공간의 실용성을 양보하는 반면에 이 건물은 내부공간을 효율적으로 사용하기 위해 공간의 사치스러움을 자제했다. 특히 2층의 슬래브로 막힌 1층 공간은 다소 답답하다. 반면에 2층 공간은 외부에서 기대한 공간 분위기를 어느 정도 보여주며, 다양한 해석의 여지를 남긴다. 좁은 벽 사이의 일자형 계단을 올라가서 도착한 2층의 공간은 연세대학교 캠퍼스를 향하여 열려

공간 깊이에 대한 착시를 주며 입체파 공간 특성을 보이는 김옥길기념관 2층 내부 ©아르키옴

있다. 일정한 두께의 벽과 지붕 구조가 일체화되어 단계적으로 줄어들면서 생기는 빈 공간 사이로 밖의 환한 풍경이 채워진다. 콘던$^{Condon,\ P.\ M.}$은 랜드스케이프 공간을 '용적 공간$^{volumetric\ space}$'과 '입체파 공간$^{cubist\ space}$'으로 나누었는데, 전자는 솔리드^{solids}로 둘러싸인 공간을, 후자는 공간 안에 솔리드를 놓음으로써 만들어진 공간을 의미한다.[10] 다시 말해, 입체파 건축공간은 솔리드로 분절되며, 이런 솔리드 구축물을 놓음으로써 생기는 여러 입체파 공간들은 그 흩어진 솔리드 구축물 자체만큼이나 주목할 필요가 있다. 이 기념관의 일체화된 벽과 지붕 각각의 폭과 높이는 일정한 비율로 줄어들지 않는다. 내부에서 세 개의 폭이 큰 벽과 지붕들은 약간씩 줄어드는 반면에 나머지 작은 두 개는 상대적으로 많이 작아져서 공간 깊이에 대한 착시를 일으킨다. 많이 작아진 맨 앞의 두 개 구조물로 인하여 내부 공간은 실제보다 훨씬 깊어 보인다. 또한 일반 건물 창에서는 하나의 프

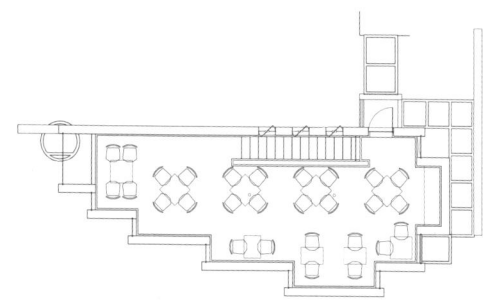

2층 평면도 ⓒ아르키움

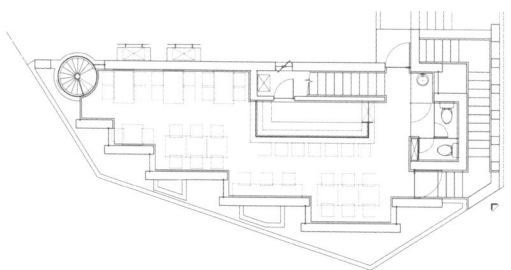

1층 평면도 ⓒ아르키움

레임 안에 전체 풍경을 하나의 그림처럼 보여주지만, 김옥길기념관에서 내다보는 전경은 이것과는 매우 다르다. 정면에 펼쳐진 풍경은 사실상은 하나의 이어진 풍경이지만, 내부의 시야는 폭과 높이뿐 아니라 위치도 제 각각인 삼차원 구조물들에 의해 분절된다. 그리고 이런 분절되어 보이는 풍경과 구조물의 조합은 입체파 공간 특성을 보인다. '풀려난 공간의 영역이 방해받지 않고 무한히 확장되었으면 한다'는 건축가의 설계 의도를 김옥길기념관 2층에 대한 이런 입체파 공간 특성으로 연관지어 생각해 볼 수 있다. 다이아몬드$^{Diamond,\ B.}$는 입체파 공간 특성으로서 동시성^{simultaneity}, 현상학적 투명성$^{phenomenal\ transparency}$, 다중 관점$^{multiple\ perspectives}$, 공간과 대상의 대등$^{equality\ of\ spaces\ and\ objets}$을 들었는데,[11] 김옥길기념관 내부의 여러 구조체와 그 사이에서 분절되어 보이는 연세대학교 캠퍼스 풍경에서도 이런 특성을 찾아볼 수 있다. '동시성'은 관찰자의 시점에 따라 대상에 대한 여러 해석이 나오는 것을 의미한다. '현상학적 투명성'은 시각적으로 보이는 것 이상을 넘어선 관계와 서로 다른 부분들 사이에 내재된 상상력과 관계된 부분을 시사한다. 그러므로 현상학적 투명성은 표면과 형태 아래에 감춰졌던 풍경을 드러내는 것을 의미한다. '다중 관점'이란 같은 물리적 특성에 대해서도 여러 주관적인 해석이 나올 수 있는 것을 의미한다. 마지막으로, '공간과 대상의 대등'이란 대상들 사이의 공간들도 대상들 차체와 동등하게 강조되어야함을 의미한다.

김옥길에 대한 전시물이 없는 김옥길기념관

건축비평가 전진삼은 "김옥길기념관에는 김옥길이 없다"[12]고 지적했는데, 김옥길기념관 내부에는 기념관이란 명칭이 무색할 정도로 고인을 기리는 어떤 기념품이나 전시품도 없다. 이 건물은 문화 및 집회시설로 허가 받았고, 초기부터 기념관의 용도로 쓰이지 않았다. 지상층에는 샌드위치 가게와 지하층에는 교회가 있었고, 현재에는 비워진 상태이다. 이 건축물은 마치 추상 예술처럼 그 자체로서 김옥길과 김동길 남매의 존재를 기념한다. 추상 예술과 대조되는 고전의 폴리의 일례로서, 하워드 성$^{\text{Castle Howard}}$의 폴리들은 소유주 가문의 영광을 드러내고자하는 염원을 담고 있다. 그곳의 영묘 폴리는 하워드 가문의 가족 납골당이며, 피라미드 폴리는 선조인 윌리엄 하워드 경을 기념하기 위해서 지어졌다. 또한 오벨리스크 폴리에는 그 가문의 미래 번영을 기원하는 문구가 적혀있다. 이들은 왕족을 안치했던 고대 이집트 피라미드와 고전 영묘를 자신들의 사유지 정원에 폴리 형태로 축소하여 재현함으로 가문의 영광과 번성에 대한 염원을 표현했다. 김옥길기념관에서는 이런 화려한 문구나 내용은 담고 있지 않으며, 독신이었던 남매는 미래 번성에 대한 의지도 없다. 이 기념관은 그들의 행적에 대한 기념물을 담고 있지 않음으로 해서 이 자그마한 건축물의 기

김옥길기념관 측면 ©아르키움

멀리온 없이 유리가 끼워진 모습 ©김명규

념비적인 느낌 자체가 그들의 청렴을 지향했던 삶을 상기시킨다.

건축가는 일상적인 건물 모습 대신에 기념조형물로서 보이기 위해 창유리 주위에 일반적으로 설치하는 창틀인 멀리온을 없앴고, 300mm두께의 콘크리트 단면이 내외부에서 그대로 노출되도록 단열재도 생략했다. 김인철은 "어떤 표정도 짓지 않는 그리고 단순한 형식만을 보여주는 재료로서 회색의 콘크리트는 여전히 유효하다"[13]고 이 건물의 구조재료이면서 동시에 외장재료인 노출 콘크리트를 채택한 이유를 설명했다. 건물 전체가 노출 콘트리트로 된다는 것은 구조 및 내외장 재료 뿐 아니라 색상, 질감에 관한 모든 것들이 단번에 결정된다는 것을 의미하며, 그래서 노출 콘트리트 시공과정은 건축물 전체의 최종 모습에 결정적으로 작용한다. 김인철은 김옥길기념관 이전의 건물에서 이미 노출 콘트리트를 여러 번 사용하였으나, 실수와 후회가 있었다고 토로하면서 본 건물의 시공과정에 만전을 기하는 모습[14]을 볼 수 있다. 노출 콘트리트의 시공과정을 세세하게 도면에 담기위해 그는 입면도를 거푸집의 입면도면으로 대체했다. 전기와 기계 설비를 위한 매설물이 콘크리트를 치기 전에 빠짐없이 제 위치에 들어가 있어야 하므로 전기와 기계설비 도면을 단면도와 배근도에 포함시켰다. 최종적으로 각 벽면에서 이어 친 자국을 남기지 않기 위해 집 전체 외벽체 거푸집을 일체화시킨 후에 높이가 다른 벽들에 콘크리트를 단번에 타설했다. 따라서 2층까지의 일체화된 벽체와 지붕구조가 완성된 이후에 2층 슬래브는 나중에 타설하여 끼워 넣는 순서로 건물을 시공했다.

설계　김인철 / 건축사사무소 아르키움
위치　서울특별시 서대문구 연대동문길 47-6
규모　지하 1층, 지상 2층

1) 건축세계 1998.12, p.160

2) 장소 특정적 미술은 1960년대 후반에서 1970년대 사이에 미니멀리즘 미술에서 발생하여 발전하였다. 그러나 미니멀리즘이 조각적 대상을 만들어내는 것에 머물러 있다면, 대지미술을 포함한 장소 특정적 작업은 조각적 대상 자체를 포기함으로써 장소와 관계를 맺기로 확장했고, 건축과 랜드스케이프가 결합된 작업으로 이를 대체하기 시작했다. (Foster, H., 1900년 이후의 미술사 : 모더니즘 반모더니즘 포스트모더니즘 , 세미콜론, 2016. pp.616-620) 1970년대에 리처드 세라, 로버트 스미슨 등이 시도한 실질적인 장소와 결합된 작품들에 대하여 크라우스(Krauss)는 랜드스케이프와 건축과의 관계에서 이를 정의하려고 시도했다. 스미슨이 시도했던 대지미술과 같은 작품을 크라우스는 '랜드스케이프이면서 동시에 랜드스케이프가 아닐 수도 있는' 대상으로 간주하여 '표시된 장소(marked sites)'로 분류했다. 그리고 같은 맥락에서 '랜드스케이프이면서 동시에 건축'인 대상을 '장소 구축물(site-construction)'로 분류했다. (Krauss, R. E., "Sculpture in the Expanded Field", The Originality of the Avant-garde and Other Modernist Myths, MIT Press, 1985, pp.277-290)

3) 김란수, 글라스하우스의 파빌리온, 폴리, 인스톨레이션의 특성, 건축역사연구, v.26 n.1, 2017, pp.74 크리스탈(Kristal)은 폴리를 정원의 풍경을 위하여 지어진 비교적 작은 규모에 복잡하지 않은 프로그램을 담은 장식적인 구조물로 정의했다. 그리고 그 종류로서 공상적이거나 이국적인 형상의 고전 신전, 중세 성과 타워, 이집트 피라미드, 고대 폐허 등을 들었다.(Kristal, M. Introduction, Moskow, K. & Linn, R., Contemporary Follies, New York, Monacelli Press, 2012, pp.7-11.)

4) Hunt, J. D., Folly in the Garden, The Hopkins Review, 2008, v.1 n.2, 2008, pp.228-234. 폴리는 그 장소의 수호신 (게니우스 로키, genius loci) 같은 존재를 기념하고 부각시키기 위해 지어지곤 했다.

5) 정원에 인공적으로 만든 작은 동굴

6) Crandell, G, Nature Pictorialized: The View in Landscape History, London, Johns Hopkins University Press, 1993, pp.31-47, 94-138

7) Holmes, C., Follies of Europe : Architectural Extravaganzas, Garden Art Press, 2008, p.26

8) 앞의 책, p.6

9) Mott, G., & Aall, S. S., Follies and Pleasure Pavilions: England, Ireland, Scotland, Wales, New York, Harry N Abrams, 1989, pp.1-33.

10) Condon, P., M., Cubist Space, Volumetric Space, and Landscape Architecture, Landscape Journal, v.7 n.1, 1988, pp.1-14

11) Diamond, B., Landscape Cubism: Parks that Break the Pictorial Frame, Journal of Landscape Architecture, v.6 n.2, 2011, pp.20-33

12) 전진삼, "대지가 된 건축", 김인철, 김옥길 기념관, 서울포럼, 2000, p.67

13) 김인철, 김옥길 기념관, 서울포럼, 2000, p.44

14) 김인철은 <김옥길 기념관>의 부록으로 현징일지를 첨가시켰다. 앞의 책. pp.85-104

안중근의사기념관 Jung-geun Ahn Memorial

입방체 집합으로 단지동맹을 상징

　2007년 안중근의사기념관 현상공모에서 임영환과 김선현 부부 건축사의 건축 안이 당선되었다. 그들은 안중근$^{1879-1910}$ 의사뿐 아니라 그와 뜻을 같이했던 11명을 포함한 12명의 젊은이가 결성한 '동의단지회'^{同義斷指會}의 기념을 상징하는 12개의 매스 집합으로 건축물을 설계했다. 동의단지회란 안중근이 1909년에 러시아 연추 하리 마을에서 '한국의 독립과 동양평화의 유지'[1]를 위한 구국운동을 목표로 모인 11명의 동지와 결성한 단체이다. 이들은 말로만 애국하는 이들과는 차별된 단호한 일심동체의 의지를 보여주는 증표로서 모두 왼손의 무명지$^{無名指, 넷째 손가락}$의 첫째 마디를 잘랐다. 그리고 이 피를 모아 이것으로 태극기에 '대한독립'이라 쓰고, 동의단지회의 취지문도 썼다. 이들은 이 단지동맹 이후에 일제에 장기적으로 항거할 수 있는 여러 형태의 활동들을 전개했다.[2] 안중근이 주도한 동의단지회의 결성은 러시아 지역에 있는 한인세력의 분열을 막고 구국을 위한 이들 젊은이들의 정치적 역량을 인정받을 수 있는 결정적인 계기가 된 역사적인 의미가 있다.

　안중근의사기념관은 이런 12명 젊은이가 결속을 다짐했던 마음들이 모여 물질화된 것처럼 12개 매스가 정연히 집합한 모습을 하고 있다. 질서정연하게 모여 있는 이런 육면체들 집합은 공동묘지에 있는 비석들처럼 보이며 추모의 의

앞마당에서 본 안중근의사기념관 ©Heeyoon Moon

해질녘에 은은히 빛나는 안중근의사기념관 ©Heeyoon Moon

베를린유대인박물관의 '추방의 정원'의 콘크리트 기둥, 다니엘 리베스킨트, 2001 ⓒ김란수

미를 드러낸다. 피터 아이젠만$^{Peter\ Eisenman,\ 1932-}$이 설계한 유대인학살추모공원 Memorial to the Murdered Jews of Europe 역시 2,711개의 콘크리트 직육면체가 그리드 패턴 위에서 정연하게 집합한 모습을 하고 있다. 이 공원에 있는 진회색 콘크리트 직육면체는 걸터앉을 수 있는 20cm의 낮은 높이에서 최대 4.8m까지로 그 높이에 있어서 다양하며, 이런 매스의 집합은 멀리서 보면 오르락내리락하는 지형과 같이 보이기도 한다. 방문객은 자신의 키보다 높은 직육면체들 사이 길로 들어가면 양쪽에서 계속 반복되는 비슷한 매스로 인해 방향감을 잃고 길을 헤매기도 한다. 질서정연하게 모여 있는 육면체 집합이 묘비처럼 추모의 의미를 보여주는 또 다른 사례는 다니엘 리베스킨트$^{Daniel\ Libeskind,\ 1946-}$가 설계한 베를린유대인박물관$^{Jewish\ Museum,\ Berlin}$ 외부에 있는 추방의 정원$^{the\ Garden\ of\ Exile}$에서도 찾아볼 수 있다. 이 박물관은 제2차 세계대전 중 나치 독일이 인종청소라는 명목으로 대략 600만 명의 유대인을 대량 학살한 홀로코스트^{Holocaust}의 잔혹한 역사를 보여준다. 이 박물관 건물 밖에 있는 추방의 정원은 7개×7개인 49개의 콘

유대인학살추모공원의 콘크리트 육면체, 피터 아이젠만, 2004 ⓒ김란수

유대인학살추모공원의 지하전시장 조명판, 피터 아이젠만, 2004 ⓒ김란수

크리트 매스가 12도 기울어진 상태로 솟은 모습을 하고 있다. 약간 기울어진 콘크리트 기둥 사이로 들어가면 그 간격이 좁고, 기둥들은 높아서 폐소 공포를 경험하게 된다. 추방의 정원과 유대인학살추모공원은 당시에 유럽 유태인이 나치에게 수모를 겪으며 느꼈을 절망스럽고 망연자실한 심정을 건축적으로 연출한 장소이다.

안중근의사를 상징하는 투명 계단실 매스 ©Heeyoon Moon

결의에 찬 열두 젊은이들의 모습을 형상화한 외부 모습

　대체로 기존 기념관의 외부 모습이 석재로 마감되어 무겁고 엄숙한 분위기를 주는 것과는 대조적으로 안중근의사기념관은 복층 U형 유리$^{\text{U-Glass Double Glazing,}}$ $^{\text{이하 유글라스}}$를 외벽의 주재료로 썼다. 결과적으로 이 기념관은 단아한 모습이다. 안중근의사기념관에서 외부 면에 접해 있는 열 개의 매스 중에서 아홉 개의 외피는 모두 유글라스로 설치되었으며, 이것은 반투명 재질이다. 이 유글라스는 U자형 단면을 가진 두께 6-7mm의 자체 강성이 높은 유리로서 여러 조합방식으로 설치될 수 있다. 이런 특성으로 인하여 일반 유리 벽보다 훨씬 넓은 간격의 지지 프레임으로 유글라스 커튼월을 제작할 수 있다. 건축가는 이 건물설계에서 그 지지 프레임의 이음매를 최소화하기 위해 1층 외벽 유글라스는 최장으로 생산할 수 있는 높이(7.4m)로 설계했다. 이런 유글라스의 미니멀^{minimal}한 특성을 살려서 건축가는 엄숙함보다는 단아함을 주고자 했다. "주변에서 위엄을 살리기 위해서는 돌을 쓰라고 많이 권했다. 재료를 놓고 고민을 많이 했다. 엄숙함만 강조하고 싶

남산의 풍경이 펼쳐지는 투명계단실의 내부
©Heeyoon Moon

지 않았다. 남산의 자연과 함께 어울리면서도, 단아하고 따뜻한 느낌을 주고 싶었다. 반투명 유리는 밤에도 주변을 은은한 빛으로 비춰준다."[3] 이 기념관의 외형은 건축가의 설계 의도가 잘 전달되어 반듯하면서도 결의에 차 있는 것처럼 느껴진다. 동의단지회 결성 당시에 그 열 두 명은 모두 20대 중후반에서 30대 초반의 젊은이들이었는데, 이 건축물은 마치 이런 결의에 찬 젊은이들의 모습을 형상화한 것처럼 느껴진다. 유글라스 커튼월과 내부의 석고 벽체 사이에 경관조명을 설치하여 야간에도 은은한 빛을 발하는데, 낭시 암울했던 시대 상황에서 빛을 발했던 젊은 투사들의 독립을 향한 의병행적이 건축화한 모습으로 느껴진다. 유글라스 커튼월은 반투명의 물질성을 드러내며, 이 건물에서는 그 외의 장식을 거의 찾아볼 수 없다. 그래서 건물의 건체 모습은 환하면서도 순수하게 느껴지는데, 이는 조국독립을 위해 몸 바쳤던 젊은이들의 순수한 마음을 물질화한 것처럼 보이기도 한다. 주 계단실의 투명한 한 매스 외에 나머지 매스들은 각각의 내부 공간을 드러내지 않도록 반투명의 이중 외피로 싸여있어서 이런 통일된 건축 외형은 마치 변치 않는 마음가짐을 다짐했던 젊은이들의 단합된 모습을 연상시킨다.

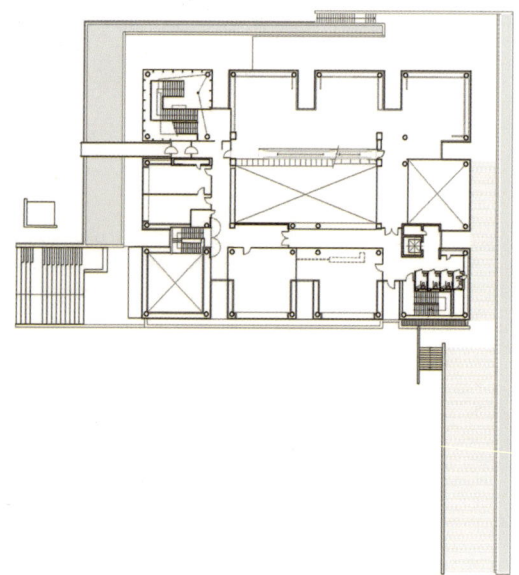

안중근의사기념관 1층 평면도와 진입로 ©디림건축

안중근의사의 유묵이 음각으로 새겨진 진입로 벽의 모습 ©Heeyoon Moon

주위에 있는 열 개의 매스 중에서 주 계단실로 쓰이는 한 개의 매스는 투명한 유리 외벽으로 되어 있어서 외부에서 이 계단실의 모습은 훤히 들여다보인다. 이 투명한 매스는 마치 동의단지회의 지도자였던 안중근의사를 상징하는 듯하다. 이 투명한 주 계단실이 전시관람 후에 출구로 내려가는 통로가 된다. 창이 없는 조도가 낮은 내부 전시실에 있다가 이 계단실에 오면 갑자기 너무 밝아서 눈이 부시지만, 곧 투명유리를 통해 펼쳐진 주변 남산의 풍경이 눈에 들어온다. 전시실에서 감상한 암울한 일제강점기로부터 우리가 사는 밝은 현시점으로 되돌아 온 기분이다. 건축가는 전시실 내부 설계에 관여할 수 없었기 때문에 건물 내부에서는 지하 1층 중앙 홀과 이 투명한 주 계단실 설계에 심혈을 기울였다고 한다. 천장과 기둥에 매달린 철골 구조로 된 이 계단은 그 모양이 층마다 다른 형태이다. 주 계단실의 지하 1층 내부 바닥은 물을 채워서 낮은 수(水) 공간으로 되어있으나 평상시에는 물을 채워 놓지 않았다. 지하 1층 주 계단실을 통해 밖으로 나갈 수 있는데, 이곳에도 상징 연못이 있다. 관람객은 주출입구의 반대편으로 나오기 때문에 건물의 후면도 감상할 수 있다.

건축가가 설계한 공간과 그렇지 않은 공간

안중근의사기념관 전시공간은 건축가가 설계한 공간과 그렇지 않은 공간으로 나누어볼 수 있다. 건축가에 따르면, "건축과 함께 시작된 전시 계획은 중도에 백지화됐고, 건축공사가 끝날 무렵 새로운 전시회를 통해 건축과 무관한 설계와 전시가 진행"[4]되었다고 한다. 이 기념관에서 건축가가 설계한 전시공간은 나름의 개성을 가지고 있는 반면에 건축가가 개입하지 못한 내부 전시공간은 일반적인 전시 형태를 보여준다. 건축가가 설계한 전시공간은 건물 외부와 옥외공간, 그리고 내부에서는 지하 1층 중앙 홀과 투명한 주 계단실 정도이다.

안중근의사 좌상이 있는 중앙 홀
©Heeyoon Moon

　건물은 전체 대지의 남쪽 끝에 놓여 있으며, 관람객은 대지의 북쪽에서 진입하게 된다. 건물 정면을 보며 방문자들은 완만한 경사로 벽을 따라 내려가다가 역시 벽을 따라 직각으로 꺾어서 가다 보면 지하 1층 레벨의 주출입구를 볼 수 있다. 이렇게 길게 돌아서 들어가는 진입방식은 종교 건물에서 주로 쓰인다. 진입 동선을 의도적으로 늘려서 번잡한 속세에서 성스러운 공간으로 들어가는 동안에 마음가짐을 정돈할 여유를 줄 수 있다. 안중근의사기념관 진입 과정에서도 과거로 가서 안중근 의사를 추모하는 마음을 갖을 수 있는 분위기를 연출하고 있다. 진입로의 우측 벽면은 진회색의 화산석 판이 세로 방향으로 마감되어 있으며, 이 벽면에는 박물관에 전시되어 있는 안 의사의 유묵[5]이 음각으로 새겨져 있다. 벽면을 감상하며 자연스럽게 방향을 바꾸어 가다보면 필로티 밑으로 이 건물의 출입문이 나타난다. 이 출입문 근처 바닥은 물을 채워 건물의 모

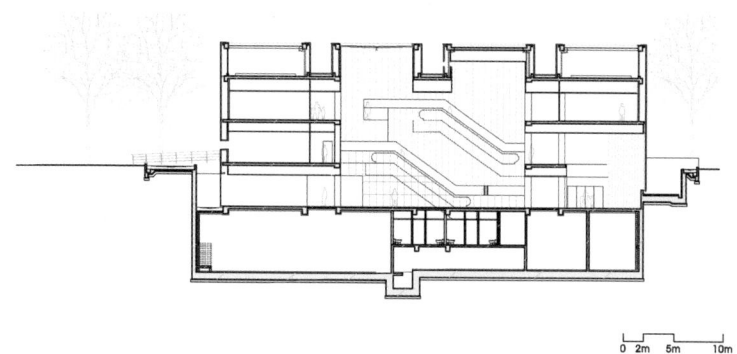
중앙의 홀이 보이는 단면도 ⓒ디림건축

습이 수면에 반사되도록 했으나, 특별한 행사가 없는 경우에는 (관리상의 이유로) 물이 채워져 있지 않았다.

   출입문 안으로 들어가면 이곳은 건물의 지하 1층 레벨이며, 여기에는 전체 전시관의 중앙 공간인 추모 홀이 있다. 이 홀은 중앙의 두 개 매스의 바닥면적이 합해진 크기이며, 3개 전 층이 뚫여 있는 대 공간이다. 외부에서 볼 때는 같은 크기의 정사각형 바닥면적을 하고 같은 높이를 가진 열 두 개의 각 매스가 등 간격으로 서 있는 것처럼 보인다. 하지만 실상 내부에서는 이 열 두 개의 매스는 일체화된 하나의 건물이다. 건축가는 바깥에서 열 개 매스들 사이에 있는 공간들을 충분히 후퇴시키고, 여기에 투명한 전면 창을 끼워서 유글라스로 된 매스와 분리된 것처럼 보이도록 의도했다. 건물 중앙에는 전 층을 관통하는 빈 공간인 중앙 홀이 있고, 각 층마다 이 중앙 홀을 중심으로 주위에 전시실과 복도가 있다. 따라서 여러 층의 다른 각도에서 이 홀의 공간을 감상할 수 있다. 이 홀은 천창에서 들어오는 환한 빛으로 공간 전체가 밝은 것에도 불구하고 양측 벽과 바닥은 화산석의 어두운 회색으로 마감되어 엄중한 분위기를 준다. 이런 중앙 홀의 분위기는 단아하면서도 젊어 보이는 건물 외부와는 대조된다. 이렇게 대조되는 이유는 각각의 형태와 재질의 차이에서 찾아볼 수 있다. 형태 면에서 분석해 보면, 외부에서는 확실한 분절로 여러 매스처럼 보이게 한 반면에,

지하1층 로비와 올라가는 에스컬레이터 ©Heeyoon Moon

내부에서는 중앙 홀이 전 층을 관통하며 결국 이곳은 하나의 거대 공간으로 인식된다. 재질 면에서도 외부에서는 유글라스의 반투명성으로 건물의 존재감이 덜 드러나지만, 중앙 홀에서는 바닥과 전 층의 벽이 하나의 짙은 회색의 매끈한 석재로 마감되어 그 공간 전체가 매우 무겁고 강하게 느껴진다. 홀의 안쪽 중앙에는 열 두 명이 무명지를 잘라서 나온 피로 쓴 태극기 사본을 배경으로 안중근 의사의 좌상이 있다. 이런 중앙 홀의 엄중한 분위기 때문인지 안중근 의사의 조각상이 순국했을 당시의 나이인 31세보다는 훨씬 나이 들어 보인다. 중앙 홀은 분절된 건물 외부에서 느껴지는 규모에 비하여 상대적으로 매우 크게 느껴진다. 이런 다소 썰렁한 공간은 태극기를 배경으로 한 안중근 의사의 좌상 외에는 아무것도 없으므로 관람객은 투옥되어 수모를 겪은 안중근 의사를 추모하는 데에 몰입할 수 있을 것이다. 이 홀의 한쪽 장변 방향으로 에스컬레이터가 있고, 이 에스컬레이터를 탔을 때 올라가면서 중심 홀을 볼 수 있도록 벽면이 에스컬레이터 형상대로 분절되어 있다. 무채색 벽 사이에 난 매끈한 사선의 슬릿^{slit}한

복도공간과 대비되는 전시실 분위기 ©Heeyoon Moon

개구부로부터 나오는 연두색 조명 빛이 망자를 기리는 공간에 생동감과 방향감을 준다.

앞에서 살펴 본 건축가가 계획한 전시 공간인 건물 외관과 옥외 진입공간, 추모 홀에서는 전시물과 그 전시 공간이 일체화되어 좀 더 직관적으로 안중근의사의 존재감을 체험할 수 있었다. 반면에 본격적으로 전시물이 있는 실들은 낮은 천장 높이에 벽으로 구획된 일반 전시실이어서 특별한 공간감을 느낄 수 없다. 종합영상실, 기획전시실, 체험전시실과 추모실 등 다양한 형태의 전시를 유치하고 있으나, 이곳들은 전시 할 내용을 단순하게 배열하는 방식에 머무르고 있다. 건축가는 "기념관을 전시를 위한 단순한 창고 정도로 생각하는 일반적인 의식"을 극복하기 어려웠으며, 건축물 안에서 전시물들이 절묘하게 조화될 수 있도록 건축과 같이 전시 설계가 같이 진행될 수 없는 국내 현실을 한탄했다. 안중근의사의 유묵과 어록의 내용을 들여다보면, 그는 단순한 열사가 아니라 한학에 조예가 깊었으며, 동양 전체의 평화에 대한 구상을 하고 있었던 독특한 인물임을 알게 된다. 일제에 항거하며 순국했던 많은 애국열사 중 한 사람으로서의 단순한 추모 개념을 넘어서서 동양평화를 꿈꾸며 큰 비전을 품었던 인물

베를린유대인박물관 메모리 보이드의
'낙엽' 인스톨레이션 (홀로코스트 희생자들을
기념하는 일만개의 얼굴모양 철판),
Menashe Kadishman, 2001
ⓒHeeyoon Moon

건축적으로 연출된
베를린유대인박물관 계단실 ⓒSACOB

건축적으로 연출된 베를린유대인박물관 전시실,
다니엘 리베스킨트, 2001 ⓒSACOB

그리고 큰 시련 앞에서도 굴하지 않았던 한 인간의 꼿꼿한 마음 자세를 관람객이 건축공간 자체를 통해서 직접 체험할 수 있었으면 한다.

전시물이 건축공간과 일체화되어 관람객이 좀 더 직관적인 체험을 할 수 있는 전시공간의 좋은 예는 앞에서 소개한 유대인학살추모공원과 베를린 유대인 박물관에서 찾아볼 수 있다. 유대인학살추모공원의 지하 전시실에는 지상 공원의 콘크리트 직육면체에 상응하는 직사각형의 조명 판들이 바닥에 설치되어 있다. 각각의 조명판들에는 학살당한 한 명 한 명의 이름과 각 개인의 일기나 기록들이 있다. 지하 전시공간에는 이 조명 판들 외에는 빛이 없어서 어둡고, 이런 분위기를 통해 당시 유대인들의 참담했던 심정을 체험한다. 베를린 유대인 박물관의 전시실은 날카로운 예각으로 나뉜 공간, 찢긴 형태의 외벽 창, 좁고 높고 어두운 공간 등으로 유대인들의 치유될 수 없는 상처와 암울한 심정을 건축공간으로 감각적으로 표현했다. 그 외에도 라파엘 모네오$^{\text{Rafael Moneo, 1937-}}$ 건축가가 설계한 국립로마예술박물관$^{\text{National Museum of Roman Art}}$도 건축공간과 전시물이 일체화된 좋은 예이다. 국립로마예술박물관은 메리다의 역사적인 로마 유적지 위에 건립되었는데, 특히 1층의 중앙 홀에서는 '로마화'라는 총체적인 아이디어가 직접 연상되도록 기념비적인 스케일의 바실리카 공간이 현대적인 해석을 통해 재현되었다. 이 공간에는 거대한 수평 조적의 아치 벽들이 연속적으로 펼쳐지며, 이런 공간 사이사이에 고대 로마 유물들이 전시되어 있어서 관람객은 고대 로마 시대를 체험하는 기분을 느낄 수 있다. 또한 이런 아치 벽들의 기둥들은 지하층에서는 그대로 남아있는 유물들을 피하여 놓였고, 결과적으로 고대 전시물과 현대 건축물이 서로 융합된 공간을 선보였다.

안중근의사기념관 터에는 긴 역사가 있다. 새로운 기념관이 지어지기 전에 있었던 구관은 서울 남산의 신관 전면 대지에 있었고, 일본강점기에는 이 구 기념관의 터에 일제의 조선 지배를 상징하는 신궁이 있었다. 신사를 세워 조선인들에게 참배를 강요하던 신궁 터에 안중근 의사가 이토 히로부미를 암살한 의거 61주년인 1970년에 안중근의사기념관을 지음으로써 그의 숭고한 애민정신

건축적으로 연출된 국립로마예술박물관 1층 홀, 라파엘 모네오, 1985 ⓒSACOB

과 평화사상을 기렸다. 이 구기념관은 새로운 안중근의사기념관의 앞마당이 조성되면서 철거되었다. 구기념관 건물은 기와지붕을 얹은 개량 한옥의 모습을 하고 있어서 새로 신축된 건물과 분위기가 사뭇 다르다. 그럼에도 불구하고 그 건축물의 기둥 하나라도 남겨놓았더라면 이 대지에 축적된 세월의 이야기를 되새길 수 있었을 텐데 하는 아쉬움이 남는다. 세련되지 못한 과거의 모습도 우리 건축의 일부이며 또한 역사이다. 역사적으로 의미 있는 기존 건물이 있었던 터 위에 설계하는 경우에는 그 터의 역사와 자취를 남길 수 있는 여러 대안이 모색되었으면 하는 바람이다.

안중근의사 구 기념관 ⓒ디림건축

새로 지어진 안중근의사기념관 ⓒHeeyoon Moon

일제 신궁 자리에 다시 지어진 안중근의사기념관

안중근의사기념관은 안중근(1879-1910) 의사가 1909년에 하얼빈에서 대한제국의 식민지화를 주도한 일본의 이토 히로부미(伊藤博文)를 저격한 의거 101주년 기념일인 2010년 10월 26일에 맞춰 새롭게 준공되었다. 안중근의사는 31세의 나이로 1910년 3월 만주 뤼순 감옥에서 일제에 의해 순국 당했다. 이전의 구 안중근의사기념관은 당시 박정희대통령의 지시에 따라 정부 예산과 국민의 성금 등으로 안중근 의사 의거 61주년인 1970년 10월에 맞춰서 건립되었다. 이 구기념관은 서울

남산 현 위치의 전면 대지에 있었고, 이곳은 2009년까지 운행되다가 새로운 안중근의사기념관의 옥외공간이 조성되면서 철거되었다. 일본강점기에는 이 구 기념관의 대지에 일제의 조선 지배를 상징하는 신궁이 있었다. 조선을 식민지화한 일제는 1920년에 남산에 신사를 세워 조선인들에게 참배를 강요하며 정신적으로까지 지배하려고 했다. 해방 후 신사를 해체한 정부는 그 자리에 "이토 히로부미를 처단하고 순국한 안 의사의 생애를 기리고 숭고한 애국·애인·애민정신과 평화사상을 국내외에 선양 하겠다" 는 취지로 1970년에 구 기념관을 세웠다. 그러나 40년의 세월이 흐르면서 이 기념관은 많이 낡고, 무엇보다도 한꺼번에 30명이 들어갈 수 없을 정도로 협소해서 학생들이나 일반인들이 단체관람 할 수 있는 공공 기념관으로서의 역할을 할 수 없었다. 이에 따라 2004년 (사)안중근의사숭모회와 광복회의 요청으로 정부는 새 기념관을 건립하기로 발표했다. 기념관건립의 비용 중 130억 원은 정부예산에서, 50억 원은 해외동포를 포함한 전 국민을 대상으로 한 국민모금으로 충당하기로 했다. 이 기념관 건립위원회 관계자는 "새 기념관은 신사참배를 강요당했던 치욕적인 자리에 국민의 성금으로 지어져 더욱 의미가 있다"고 말했다. 정부가 새 기념관을 건립하기로 함에 따라, 2005년 (사)안중근의사기념관 건립위원회가 결성되었고, 2007년 현상공모를 통해 부부 건축사인 임영환과 김선현의 디림 건축사사무소가 제안한 신축 설계안이 당선되었다.

설계 임영환 + 김선현 / 디림 건축사사무소
위치 서울특별시 중구 소월로 91
규모 지하 2층, 지상 2층

1) 안중근 의사는 의거의 목적을 다음과 같이 말했다. "나의 (의거) 목적은 한국의 독립과 동양평화의 유지에 있었고, 이토 히로부미를 살해하기에 이른 것도 개인적인 원한에 의한 것이 아니라 동양의 평화를 위한 것으로 아직 목적을 달성했다고 할 수 없기 때문에 이토를 죽여도 자살할 생각 따위는 없었다." 안중근도 이 결성 이후에 많은 동포들에게 더욱 큰 영향력을 발휘했고, 1909년에 약 300명의 동지들을 모아 다시 의병활동을 전개할 수 있었다.

2) 단지동맹자 명단은 자료에 따라 다소 차이가 있다. 안중근이 10.26의거 뒤에 동지들을 보호하기 위하여 심문 때마다 명단을 조금씩 다르게 말했다고 한다. 이 명단에 명백하게 포함되었던 인물로는 단지와 혈서로 쓴 태극기를 보관했던 백규삼 외에 김기룡, 황영길, 조응순, 강순기, 강창두 정도라고 한다. 단지동맹 이후에 백규삼은 훈춘조선인기독교우회 회장 등을 지내면서 항일구국투쟁을 전개했다. 그리고 김기룡은 한인사회주의운동을 했고, 황영길은 의용군 1,300여 명을 조직하여 경원, 은성 등의 국경지방 습격을 주도했다. 조응순은 한국독립단부 단장으로 활동했다.

3) 임영환 인터뷰, 이은주 기자, "오늘 문 여는 '안중근 의사 기념관' 설계, 부부 건축가 김선현·임영환 씨," 중앙일보, 2010.10.26

4) 건축가에 따르면, "건축과 함께 시작된 전시 계획은 중도에 백지화됐고, 건축공사가 끝날 무렵 새로운 전시회를 통해 건축과 무관한 설계와 전시가 진행"되었다고 한다. 임영환 + 김선현, 상징적 재현을 통한 기억의 각인," SPACE, 2010.10, pp.38-45

5) 안중근 (본명 안응칠)의 유묵 중 여러 작품이 보물로 지정되었다.

한국성을 담은 종교건축

절두산 순교성지기념성당, 1967	204
경동교회, 1980	230
탄허대종사기념관, 2009	248

절두산 순교성지기념성당
The Chapel and Exhibition Hall of Jeoldusan Holy Place, 1967

극적인 상상력을 불러일으키는 과격한 외관
　절두산 순교성지기념성당복자기념성당 1)은 서울의 한강 변 양화진 동쪽 봉우리 위에 있다. 이곳의 본래 장소명은 잠두봉蠶頭峰으로, 이것은 누에가 머리를 든 모양이라는 뜻으로 봉우리의 솟은 형태를 묘사한 이름이다. 병인순교2) 이후부터는 이곳 양화진 잠두봉을 수많은 천주교인들이 목이 잘린 산이란 뜻으로 사람들은 순교성지로서 '절두산'切頭山이라 부르게 되었다. 건축가 이희태1925-1981가 설계한 기념성당은 순교성지라는 장소성을 상징적으로 드러낸다. 특히 남측 한강 변에서 보이는 절두산 봉우리 위 대지와 일체화된 건물 모습은 당시에 교인들이 참수당했을 당시 상황을 연상시킨다. 실제로 건물을 설계할 당시에 건축가는 교회당의 둥근 지붕의 형태가 초가지붕과 갓을 동시에 연상시키도록 했고, 종탑의 형태는 "절두산에서 죄수를 참수하면서 백정들이 높이 들어 올렸던 칼을 유비하였다."3) 그런가 하면 김정동은 이 건물 형태에서 프랑스 함대의 군함 또는 산봉우리 끝에 놓여 있는 노아의 방주4)를 떠올렸다. 프랑스 함대의 군함은 병인양요라는 역사적 사실과 연관되며, 노아의 방주는 성경의 창세기에 나오는 배의 이름이다. 노아는 하나님이 내린 홍수 심판에서 구제된 신앙적으로 의로운 인물이며, 방주는 기독교인들이 모인 초대 교회를 의미한다. 이런 김정동의 느낌에 대해 이희태는 "보는 사람의 느낌, 상상력이 우리 건축에서는 중

절두산성당의 모습(2017) ⓒ김명규

롱샹 성당 전경, 르코르뷔제, 1955 ⓒ김유경

절두산 성당의 초기 모습 ⓒ절두산순교성지

요하지 않을까요?"라고 대답했다. 이희태는 절두산 성당에서 이른바 표현주의 건축을 시도했고, 보는 이의 상상력에 따라 절두산 순교성지가 상징하는 참혹한 역사, 성경의 이야기, 한국적인 가톨릭주의 등을 연상하도록 건물 형태를 의도적으로 디자인했다. 언덕 위에 있는 르 코르뷔제의 롱샹 성당[1955]도 이런 대표적인 표현주의 건축물이며, 이것도 합장한 손, 노아의 방주, 성궤를 안치한 천막, 고인돌 등 교회와 관련된 다양한 형태를 연상시킨다.

 국내에서는 1960년대 이전까지 천주교 성당은 벽돌조를 절충한 한옥 성당 스타일이나 고딕 또는 로마네스크식을 단순화한 양옥 스타일이 주류였다. 이와는 대조적으로 절두산 성당은 건축가가 독창적으로 만든 표현주의 형태를 보여준다. 이희태는 "교회는 꼭 뾰족탑이 있어야 한다는 생각에 거부감"[5]을 느낀다고 말했고, 성당 건축에 있어서 서양의 양식적 절충주의와는 구별되는 새로

나상진의 복자기념성당 계획안 ⓒ나상진

운 표현을 추구했다. 당시에 나상진 건축가도 이 복자기념성당 현상에 참여했었고, 그의 계획안을 공간지에 기고했다. 나상진은 이 성당 대지에 섰을 때 자연 풍경에 압도되었다고 쓰고 있다. "황류荒流한 한강 변에 씻겨 남겨진 암괴岩塊, 여기에는 물과 바람과 그리고 한국의 긴 역사의 흐름이 부조되어 있다."[6] 그는 이 거대한 세월의 흐름을 보여주는 건축물로서 거친 질감의 휘어 올라간 형태의 벽을 설계했다. 나상진의 계획안과 이희태의 절두산 성당은 둘 다 형식적인 고딕이나 로마네스크의 양식주의를 벗어나서 성당의 새로운 이미지를 자유롭게 표현했다는 공통점이 있다. 그러나 이 둘의 건축 표현에 있어서 차이점도 분명하다. 나상진은 강물과 바람에 의해 오랜 세월 동안 깎인 거친 절벽이 만드는 이곳의 절경을 한국의 순탄치 않은 긴 역사의 흐름에 비유하면서 이 장소의 참혹한 역사를 순화하는 관점에서 건축물을 표현했다. 이에 반하여, 이희태는 '절두'라는 이곳의 직설적인 명칭만큼이나 교도들을 참수하기 위해 칼을 높이 들어 올린 가장 긴장되는 순간의 장면을 연상시키는 파격적인 건물 형태를 의도했고, 결국 그의 안이 당선되었다.

다른 성당에 비해서 특히 장소성이 강한 절두산 성당 설계에서 건축가는 전체 형태나 디테일에서 한국 전통적인 고유미를 드러내려고 의도했다. 건축가는 다음과 같이 설계 개념을 언급했다. "우리의 고유의 초가지붕과 갓을 우리들은 잊을 수 없다. 이러한 고유의 미를 지방적요인에 의하여 표현상으로는 지방적이나 다른 면으로는 문명의 차에 관계가 없는 기본적인 인간의 욕구라든가 기능의 표현을 갖는 점으로 신화적인 세계를 이루고 보편적인 것이다."[7] 이에 대해 당시 20대였던 김원[1943-]은 이런 접근은 한국적 절충주의일 뿐이며 결코 문명권을 초월한 보편성을 보여줄 수는 없다면서 다음과 같이 비판했다. "초가지붕의 곡선이나 갓 모양의 시린다는 샤마니즘적인 주술의 효과를 갖는 것도 아니며 더구나 전통이라는 문제와는 전혀 별개의 것이 된다. 그러므로 고유의 미가 지방성을 탈피하여 문명의 차에 관계 없는 보편적인 것으로 되기 위하여 동원된 두 개의 허구는 그것 자체가 참으로 신화가 되어버린 것이다."[8] 김원의 비평처럼 토착적인 초가지붕이나 갓의 형상이 다른 문명권에서 보편적으로 받아들일 근거는 없다. 이희태가 복자기념성당을 설계한 1967년에 김수근은 부여박물관을 완공했는데, 이 건물의 팔八자 지붕 모양이 일본 신사와 닮았다는 여론이 나오면서 부여박물관은 왜색 시비 대상이 되었다. 이것을 계기로 당시에 건축계에서는 한국적인 것에 대한 정체성을 찾으려는 담론들이 크게 이슈화되었다. 당시 많은 건축가들이 주어진 건물 프로젝트에서 전통 모티브를 직접, 간접적으로 차용하거나 은유적으로 표현했다. 또한, 천주교에서는 1962년에서 1964년까지 제2차 바티칸공의회가 열렸는데, 여기에서 채택된 전례 헌장으로 교회 의식이 간소화[9]되었으며, 시대 환경과 요구에 따라 교회 건물 구성과 외관을 어느 한도 내에서 자유롭게 설계할 수 있도록 허용했다. 당시 이런 상황이 전개되면서 이희태는 절두산 성당에 그 장소의 역사와 전통 형태를 연상시키는 여러 요소들을 삽입했고, 이것을 한국 천주교 측은 긍정적으로 해석하여 받아들였다.

절두산 순교성지 위치도, 김명규 작도

절두산 순교성지 일대의 변모 과정

　광복과 6.25 전쟁 이후에 어려운 때를 신앙적으로 극복하기 위해 서울시에 사는 천주교 신자들은 양화진의 절두산 순교성지를 순례했다. 해방 직후인 1946년에 결성된 "한국 천주교 순교자 현양회"(이하 현양회)는 창설 10주년을 맞은 1956년에 순교지인 양화진의 잠두봉 일대를 매입했다. 1962년에는 이를 본격적으로 기념하기 위해 절두산 정상에 높이 12m의 병인순교 기념비를 세우고 미사를 집전할 수 있는 작은 야외 제대를 조성했다. 1966년에는 가톨릭 교단이 병인순교 100주년을 맞이하여 잠두봉에 있었던 파손된 기념비를 철거했고, 이 자리에 병인순교 100주년 기념성당과 기념관을 계획하여, 1967년에 준공했다. 절두산 성지는 현재에는 강변 북로와 당산철교가 교차하는 강변에 있다. 기념관과 기념성당이 건립될 1967년 당시에는 강변북로와 당산철교는 없었으며, 이 잠두봉 위에 있는 성당 건물이 한강 변에서 랜드마크로서 우뚝 솟아 있었다. 그러나 이 주변에서 행해진 여러 개발로 인하여 절두산 성지의 주변 경관이 훼손되었고 이곳으로의 진입 경로도 많은 변화를 겪게 되었다. 서울시는 1981년 양화대교를 확장하면서 입체 교차로를 신설했고, 1983년에는 지하철 2호선의 당산철교가 개통됨으로써 결과적으로 절두산 대지가 동서로 분할되었다. 1986년에는 서울시가 한강개발사업을 추진하면서 성지 절벽 밑의 수면을 메워 한강 둔치와 강변 주차장을 만들면서 결정적으로 절두산 성지의 원형이 훼손되었다. 천주교 서울대교구단은 1997년 서울특별시장에게 절두산 성지가 문화재로 지정받을 수 있도록 신청서를 제출했다. '절두산 성지'라는 이름은 원 명칭이 아니었으므로, 결과적으로는 이곳이 '서울 양화나루·잠두봉 유적'으로 문화재법에 의거한 국가사적 제399호로 공고되었다. 성지에서 100m 이내의 건물은 문화재 보호법과 건축법에 의해 고도 제한을 받게 됨에 따라 절두산 성지는 고층 아파트 건설과 같은 개발의 횡포로부터 기본적으로는 보호받을 수 있게 되었다.

겸재 정선의 양천팔경첩(陽川八景帖) 중의 양화진
김재년 소장품

겸재 정선의 양천팔경첩 중 하나인 양화진

잠두봉이 있는 양화진은 겸재(謙齋) 정선(鄭敾, 1676-1759)의 〈양천팔경첩(陽川八景帖)〉 여덟 그림 중에 하나로 그려질 정도로 그 경치가 독특하게 아름다운 곳이었다. 양천은 현재 서울시 강서구 가양동 파산 아래의 장소이며, 특히 이곳에서 바라보는 한강의 풍광은 한층 수려했다고 한다. 정선은 60대에 양천현 현령으로 있으면서 양천 현아 근처에서 조망하는 실경도 화첩인 양천팔경첩[10]을 그렸다. 이 아름다운 여덟 장소로는 산봉우리 절경이 강조된 양화진과 선유봉이 있으며, 절경과 어우어진 누정을 그린 이수정, 소요정, 소악루, 귀래정, 낙건정이 있다. 그 외에 절경 속 사찰을 그린 개화사도 있다. 이 양천팔경첩에서 겸재는 자연경관의 사실성에 주력하면서도 아름다운 명소들을 어떤 구도로 드러냈는지를 보여준다. 양화진 그림에서는 잠두봉의 뭉툭한 봉우리가 마치 물속에서 바로 솟구쳐 나온 듯 절벽의 거칠게 깎아지른 모양새와 어우러지면서, 한가하고 여유롭게 흘러가는 강

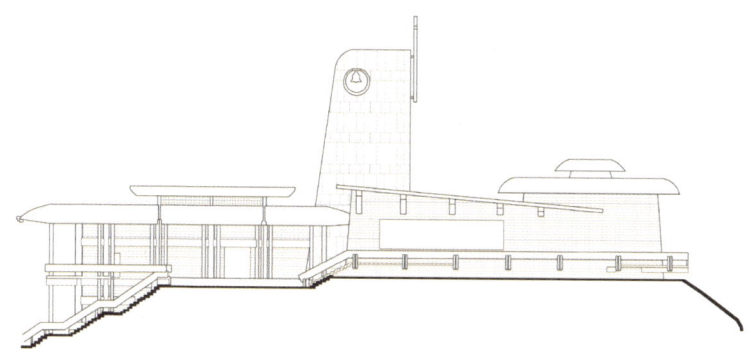

절두산 성당 측면도, Heeyoon Moon 재작도

한강 둔치에서의 절두산 성당 모습(2017) ⓒ김명규

물을 배경 삼아 대비되는 모습이다.

 이처럼 잠두봉이 솟아 있는 양화진은 정선의 그림에서는 그 수직으로 깎아지른 절벽이 수평으로 유유하게 흐르는 강물과 대비되고 또한, 병인순교시에 피로 물든 참혹한 처형장이었던 지난날의 기억이 축적된 곳이다. 1966년 교회

폐쇄된 순례문(점선부분) ©Heeyoon Moon

아치모양의 순례문 ©Heeyoon Moon

측은 이런 순교의 역사가 깊이 새겨진 절두산의 장소성을 보존하기 위해 이 잠두봉의 원형을 조금도 변형시키지 않는다는 조건을 내세워 건축 설계를 공모했다. 이희태 건축가 역시 이 조건에 맞추어 이런 성지 지형을 한 치도 변형하지 않았고, 이 원칙은 건물 공사에서도 지켜졌다. 대지의 세 면이 낭떠러지인 협소한 대지에 기초 공사를 하고 건물을 앉히는 작업에는 많은 어려움이 따랐다. 특히 암반을 파서 성해실이 있는 지하 공간을 만들 때는 가파른 절벽 위에 발판을 세워가며 아슬아슬하게 공사를 진행했다.

그러나 1986년에 서울시가 한강개발사업을 추진하면서 결정적으로 절두산 성지가 훼손되었다. 서울시는 절두산 성지 바로 앞 절벽 밑 수면을 흙으로 메워 한강 둔치와 강변 주차장을 만들었다. 결과적으로 절두산의 거친 형태의 절벽과 대비되며 한강 물이 자연스럽게 맞닿는 강변 터는 밋밋한 일반 차로로 바뀌었고, 절두산에서 일어났던 역사적인 터로서의 장소성을 반감시켰다. 일반적으로 천주교 신자들을 처형한 장소는 절두산 꼭대기로 상징화되어 알려져 있다. 그러나 절두산 꼭대기는 수십 명의 사람이 참석한 가운데 사형을 집행하기에는 너무나 협소하여, 사실상 신자들의 순교 장소는 양화 나루터였다고 한다. 남아 있는 자료에도 "양화진두에서 군민을 많이 모아놓고 천주교 신자들의 목을 베어 머리를 달아 대중들을 경계시켰다"고 한다. 여기서 '진두'는 '나루터'를 뜻하므로, 사형 집행 장소는 양화 나루터의 약간 언덕진 평지였다는 것이다. 성당을 설계하고 공사할 때에 절두산의 절경과 그 장소에 대한 기억을 지키고자 애쓴 여러 노력들에도 불구하고 서울시가 절두산 성지의 강변 수면을 메우고 거기에 한강 둔치를 만든 것은 참으로 되돌리고 싶은 아쉬움을 남겼다. 양화진 절경의 가치는 떨어졌고 장소의 의미는 희석되었다. 이곳에는 아직도 잠두봉과 양화 나루터를 잇는 길과 두 개의 순례 문이 남아있다. 강변에서 성당으로 가는 길 위에 자연석을 아치모양으로 거칠게 쌓은 순례 문이 이 양화나루터의 역사적인 의미를 암시하는 상징물로 아직도 남아 있다. 그러나 이 길은 폐쇄되었고, 순례문은 방치된 채로 있다.

구조 논리보다는 전통 정형미 추구

건축가 이희태는 그가 설계한 많은 성당 설계에서 명확한 입면 비례를 보여주고자 했다. 절두산 성당의 경우에는 예배당이 아닌 순교기념관에서 그 입면 비례가 정교하게 나타난다.[11] 순교기념관의 입면 비례에서는 외벽선 상에 있는 하중을 담당하는 내력 기둥이 아니라 외부로 돌출된 쌍기둥의 간격이 입면 비례의 기본이 된다. 외관에서 내력 기둥은 쌍기둥에 가려 그 존재가 덜 드러나고, 그 형태와 크기에서 눈에 띄는 1층 돌기둥은 정면 양 끝에서 좁아진 간격으로 인하여 논리적으로 보이지 않는다. 이처럼 이희태는 이 건물을 설계 할 때에 구조적 합리성보다는 외관의 비례미에 치중했다. 건축가가 절두산 건물 설계에서 구조 논리보다는 외관의 미를 우선적으로 고려했다는 해석은 입면 비례뿐 아니라 한국 전통 가구식 목구조를 근대 철근콘크리트 구조로 변환하여 표현한 부분에서도 찾아볼 수 있다. 전통 목구조의 외부에서 보이는 목재 프레임은 힘을 지탱하는 주요 내력 부재인 반면에, 절두산 순교기념관 외부에서 보이는 쌍기둥 주열

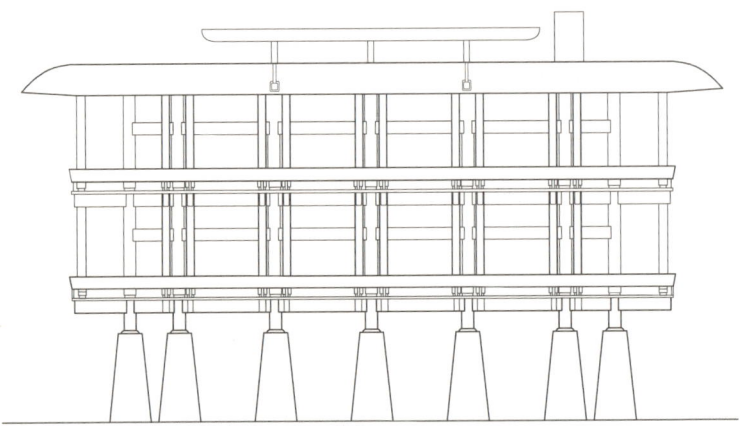

절두산 순교기념관 입면도, 서민정 재작도

공원 쪽에서 바라본 절두산 순교기념관(2017) ⓒ김명규

은 뒤로 후퇴한 외벽선에 있는 주 기둥에 대해 보조적인 역할을 담당할 뿐이며, 따라서 장식적인 성향이 더 강하다. 이 쌍 기둥들은 3층의 튀어나온 처마와 2층과 3층의 캔틸레버[12] 된 발코니 슬래브를 받는 보를 잡아주는 역할 정도만을 할 뿐이다. 쌍으로 된 보는 하나로 된 보보다 캔틸레버 된 슬래브를 잡아주는 데에

성당의 기울어진 벽과 돌출된 보 ⓒHeeyoon Moon   순교기념관 옆의 계단 길 ⓒHeeyoon Moon

더 유리할 수 있다. 그러나 건축가는 구조적으로 더 취약할 수 있음에도 불구하고 모서리 부분에서 쌍기둥을 생략하여 모서리 부분에서 튀어나온 처마와 발코니의 깊이 감을 더욱 확실히 드러냈다. 성당 마당으로 가는 계단 길이 이 기념관의 바로 옆에 있다. 따라서 방문자들은 쌍 기둥과 쌍 보가 받치는 캔틸레버 슬래브와 처마를 아래에서 위로 올려다보면서 성당 마당으로 가게 된다. 이런 캔틸레버 쌍 보와 처마 부분은 전통 건축의 공포를 연상시킨다. 1층 부분은 필로티로 되어 있는데, 위로 가면서 좁아지는 이 1층의 사각 돌기둥은 전통건축인 경회루의 1층 돌기둥을 연상시킨다.

　절두산순교성당에서 타원형 제단 공간의 외벽과 사다리꼴형 예배공간의 외벽 디테일이 다르다. 타원형의 제단 공간은 외부에서 내력벽 위로 지붕이 바로 얹혀 있는 반면에, 사다리꼴형의 예배공간은 내부에 실질적인 내력 기둥이 있으며, 외벽에서는 보의 마구리가 돌출되어 있다. 외벽 밖으로 돌출된 보의 존재로서 내부에 내력 기둥이 있음을 암시한다. 건축가는 보의 마구리 면을 실제 크

캔틸레버된 슬래브와 보를 받치는
쌍기둥 그리고 1층의 사각 돌 기둥
ⒸHeeyoon Moon

캔틸레버된 슬래브와 보를 받치는 쌍기둥
Ⓒ김명규

기보다 과장되게 디자인했고, 그래서 그 형태는 단순하지만 지붕을 받치는 전통건축의 공포를 연상시킨다. 성당과 순교기념관에서도 건축가가 구조를 표현하는 방식은 다르며, 각각의 구조에 대한 표현 논리는 명확하지 않다. 그는 전통 요소를 차용하여 이런 요소들을 자신의 설계 정체성이 드러나는 디자인 모티브로 변환하여 사용했다.

절두산 성당의 마당과 주출입구
ⓒ김명규

강변이 아닌 시내를 향하는 성당 마당
ⓒ김란수

기대에 못 미치는 절두산 성당의 주출입구

건축가는 절두산 정상 부근의 절토를 최소한도로 하면서 건물을 앉히기 위해 접근로, 건물의 수, 정면성, 옥외공간, 주출입구 등을 계획해야 했다. 건축가가 설계를 시작할 당시에는 절두산 꼭대기로 가려면 남쪽 한강 변 양화진의 제방에서 올라가거나 마포 방면에서 올라가는 방법이 있었다. 그는 접근로로서 마포 방면에서 가는 길에서 직각으로 우회전하여 가파른 언덕을 단번에 오를 수 있는 계단 길을 계획했다.[13] 그리고 그는 건물 매스를 성당, 기념관, 종탑으로 계획했다. 그리고 방형에 가까운 옥외공간을 끼고 성당과 기념관의 주출입구가 직각으로

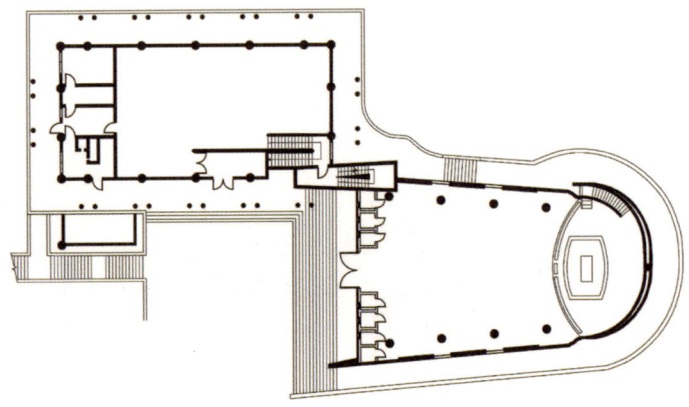

절두산 성당과 기념관 1층 평면도, Heeyoon Moon 재작도

놓이게 했고 그 사이에 종탑을 배치했다. 종탑에 있는 십자가의 방향으로 볼 때 건물군의 전체적인 정면은 한강 변을 향하고 있다. 다시 말해서 건축가는 한강 남쪽 건너편에서 한강 위에 솟아오른 절두산의 절벽 위로 타원형 갓 형상 건물과 종탑이 의미심장하게 보이는 장면을 의도하며 건물들을 앉혔다. 이런 성당의 모습은 절두산이라는 강한 장소성과 직결되며 보는 이에게 각인된다.[14]

절두산 성당에서 타원형 제단 부분이 교회 주출입구보다도 인상이 더 강하도록 조형성을 부여한 방식은 서양 중세 성당들에서 나타나는 방식과는 다르다. 일반적으로 서양 중세 성당에서는 광장을 끼고 종탑을 가진 주출입구 면이 성당의 정면이 된다. 따라서 서양 중세성당 정면은 건물의 얼굴과 같이 그 성당의 정체성을 보여주며, 그만큼 정교한 디자인으로 되어 있다. 이는 이희태가 서양 성당 형식에 구애를 받지 않고 설계했음을 보여준다. 절두산성당의 주출입구 왼편으로 종탑이 처마 위로 보이고, 주출입구 양편으로 있는 원기둥이 입구성을 나타낸다. 그러나 성당 주출입구 공간은 강변 측에서 봤을 때에 기대했던 정면에 대한 기대감을 충족시키지는 못한다. 절경 위의 상징적인 형상에서 느껴지는 비장함을 건축물 앞마당에 도착했을 때도 상기시킬 방안으로 김억중은

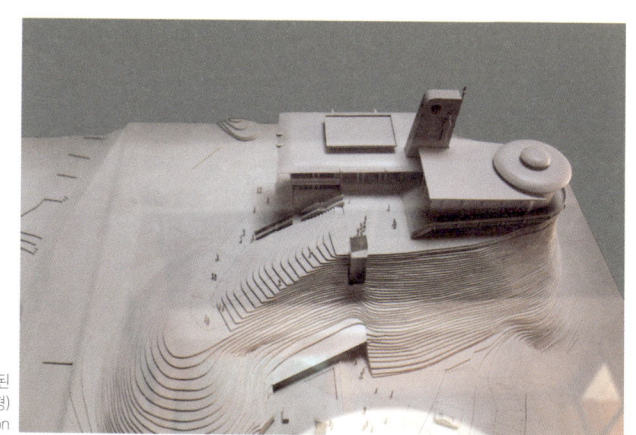

절벽 위에 배치된
절두산순교성지 건축물(모형)
ⓒHeeyoon Moon

네이브와 아일로 구분된 절두산 성당 본당 ⓒ김란수

"성당의 마당과 박물관 3층의 남측 테라스가 연결되어 한강 변을 바라다볼 수 있었더라면"[15] 하는 아쉬움을 토로했다. 그는 "성당 앞마당에서 한강을 바라다볼 수 있는 '틈새'조차 없으며," "성당 앞마당에서 원경으로 펼쳐지는 풍경이 한강 변이 아니라 시내를 향하고 있다는 사실이 잘 이해되지 않는다"[16] 라고 비판했다. 멀리서 볼 때 순교를 상징하는 오브제로서의 건축물이 실제 공간으로서도 순교의 장소성과 성지 순례의 의미를 되짚을 수 있는 한강으로 열린 마당이 없는 것은 아쉬운 부분이다.

산 미니아토 알 몬테 성당 내부 ⓒHeeyoon Moon

바실리카 평면과 마르티리움 평면이 변형 결합된 공간

이희태는 1953년부터 8년 동안 서울대학교 미술대학에서 실내디자인 강의를 했고, 1953년 당시 이곳 학장이었던 장발의 소개로 명수대 성당(흑석동)을 설계했다. 그 이후에 그는 인천 송림동 성당[1954], 혜화동 성당[1955], 아현동 성당[1958], 절두산 성당[1964], 청파동 성당[1968], 압구정동 성당[1970] 등을 계속해서 설계

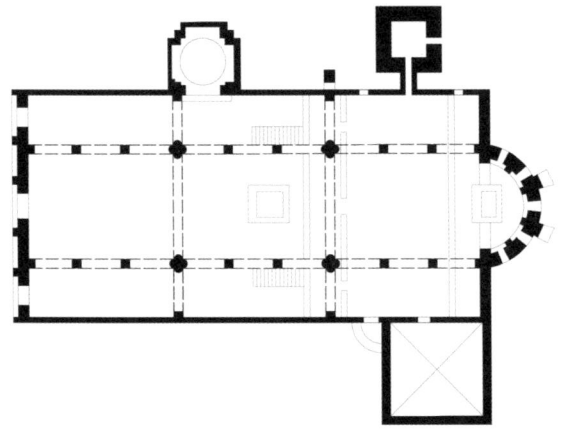

산 미니아토 알 몬테 (S. Miniato al Monte) 성당 평면, 플로렌스, 11-12세기, 서민정 재작도

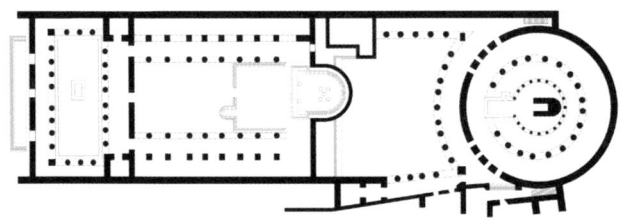

설립 당시의 성묘교회 평면(Church of the Holy Sepulchre) 복원도, 예루살렘, 345년, 서민정 재작도

했다. 이희태는 절두산 성당을 제외한 대부분의 성당 건축에서 철근 콘크리트 구조와 장방형 평면을 기본으로 하는 단순한 예배 공간을 설계했다. 이런 성당들은 네이브와 아일[17]의 구분이 없는 하나의 공간으로 되어 있는 데에 반하여 절두산 성당의 본당은 서양의 전통적인 바실리카 평면에서 나타나는 네이브와 아일의 구분이 있는 예배 공간이 사다리꼴로 변형된 형태를 취하고 있다. 내력 기둥은 외벽 안쪽으로 좁은 복도가 나올 정도의 거리를 띄워 서 있다. 특히 절두산 성당은 성자의 유해를 안치한 크립트^{crypt}가 발달한 산 미니아토 알 몬테$^{S.}$

원형 천창 '성 김효임 골룸바·효주 아녜스 자매 순교' (이남규, 색유리화, 1967), 대리석 제대와 십자가 (김세중, 1967) ⓒ김명규

기울어진 벽에 설치된 '십자가의 길 14처' (최의순, 시멘트, 1967) 와 '순교자' (이남규, 색유리화, 1967) ⓒ김란수

Miniato al Monte 성당을 연상시킨다. 크립트는 보통 유해를 안치한 교회의 지하실을 말하는데, 산 미니아토 성당은 바실리카 평면이며, 대략 지상 층의 1/3을 차지하는 면적을 크립트로 할애하고 있다. 산 미니아토 성당은 플로렌스 지방의 로마네스크 양식을 대표하는 건축물이며, 순교한 미니아토 성자를 기리기 위해 지어졌다. 250년에 데키우스^{Decius} 황제는 기독교신자들을 박해하여 순례 길에 있었던 미니아토의 목을 베어 순교시켰다. 전설에 의하면 미니아토는 처형된 후 자신의 잘린 머리를 들고 아르노 강 남쪽의 언덕까지 올라갔다고 한다. 미니아토는 그 후에 성자로 불리게 되었고, 그가 묻힌 언덕의 묘 자리에 오랜 세월이 지난 뒤에 이 성당이 세워졌다. 성당이 세워질 당시에는 이곳 크립트에는 미니아토 성자의 유물이 보관되어 있었다고 한다.

타원형 제단 공간의 지하 층에 있는 성인 유해실 ©김명규

　절두산 성당 본당은 바실리카 평면이 변형된 사다리꼴과 마르티리움 평면이 변형된 타원이 결합된 특이한 평면으로 되어 있다. 순교자 기념당을 '마르티리움'martyrium 이라고 하는데, 이 유형은 고대 로마 건축에서 발달했다. 이것은 일반적으로 팔각형이나 원형의 평면을 돔으로 덮은 중앙집중식 형태로 지어졌다. 예루살렘 성묘교회Church of the Holy Sepulchre 역시 바실리카식 평면의 예배공간과 예수를 기리는 원형 평면의 순교자 기념공간이 결합되어 있다. 이 교회의 돔이 있는 원형의 로툰다Rotunda [18]는 예수가 3일간 묻혀 있다가 부활한 자리로 알려져 있다.[19] 돔이 있는 원형 로톤다 공간에서는 그 중앙이 강조되며, 이 성묘교회에서도 그 중앙에 예수의 죽음과 부활을 상징하는 관을 두었다. 절두산 성당에서도 타원형 부분은 설교자가 예배를 드리는 제단 부분인 동시에, 그 밑 지하 공간에는 병인순교 때에 참수당한 신자 27위의 유해를 모신 지하묘소 성해실[20]을 두었다. 이 타원형 부분은 외부에서는 초가지붕 또는 잘려나간 갓의 형태를 취하고 있어서 참수당한 순교자들의 모습을 은유한다. 서양 고대와 중세 건축에서도 돔으로 덮은 원형 공간은 망자를 기리는 상징적 의미가 있었다. 건

축가는 이 절두산 성당에서도 성인들의 유해를 안치하고 기리는 공간을 특별히 구별하기 위하여 일반적인 장방형의 예배 공간과는 다른 타원형 공간으로 설계했다고 보인다. 이런 타원형 공간을 강조하기 위해 그 중앙에는 원형 천창의 스테인드글라스를 두어 자연광이 들어오도록 했다. 그러나 이것만으로 조도가 해결되지 않아 인공 광을 쓰고 있다. 이 제단 공간의 빛과 디테일 처리는 건물 외관이 주는 상징적인 모습에 비한다면 그리 극적이거나 기념비적이지는 못하다. 원형 천창 구조물을 받는 지지 구조체의 형상이 곡선으로 되어 있어 마치 중앙집중형 공간을 더 강조하기 위해 의도한 것처럼 보인다. 하지만 실상은 이 세 개의 받침 기둥은 처음에는 설계되어 있지 않아서 공사 도중 천창 구조물이 무너져 내릴 위험에 처했고, 그래서 현재 받침 기둥들을 추가로 설계[21]했다.

착시를 유도하는 설계로 공간의 깊이감과 집중력을 증가

이희태는 단순한 장방형 평면의 성당들과는 다르게 절두산 성당에서는 사다리꼴형 평면을 만들어 공간 전체의 투시 효과를 증대시켰다. 예배 공간은 평면과 단면에서 확인할 수 있듯이 공간의 폭 뿐 아니라 천장고도 같이 입체적으로 제단을 향해 좁아진다. 이것은 성당 입구에서 선 사람이 제단 쪽을 바라볼 때 일반적인 장방형 평면에서보다 공간의 깊이를 더 깊게 느끼는 착시현상을 일으킨다. 서양에서는 르네상스 시대에 투시도법이 발달하면서 그 이후에 사다리꼴이나 역 사다리꼴 공간을 설계하여 현실보다 더 깊이 있게 보이거나 또는 현실보다 더 가깝게 보이게 하는 등 공간감에 대한 착시현상을 건물과 옥외공간 설계에 응용했다.[22] 절두산 꼭대기의 협소한 대지 내에서 지을 수 있는 한정된 공간 내에서 건축가는 사다리꼴 평면을 만들어 제단까지 좀 더 깊이감이 느껴지는 분위기를 연출했다. 그리고 그 공간 끝에 타원형 공간을 둠으로써 지하층에

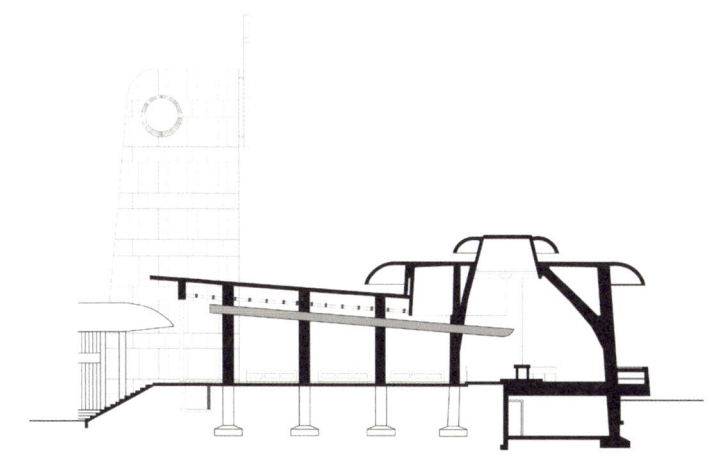

제단 공간으로 천장고가 점점 낮아지는 절두산 성당 단면도, 서민정 재작도

공간 깊이감에 대한 차시천상을 의도된 성당 내부 ©김란수

성해 공간이 있는 제단 공간에 시각적으로 좀 더 집중하도록 의도했다. 사다리 꼴 공간의 양편에 등 간격으로 서 있는 내력 기둥들과 외벽 역시 안으로 쏠려있도록 설계하여 심리적으로 좀 더 제단 공간을 향하도록 의도했다. 양편 기둥 뒤에 있는 복도(아일) 공간을 중앙의 네이브 공간보다 낮게 만들어 중앙의 네이브 공간이 상대적으로 트인 느낌을 주고, 또한 예배 시에 산만함을 줄일 수 있다.

종탑의 순교자상 (김세중, 1967) ©Heeyoon Moon

절두산 순교자 기념탑 (이춘만, 2001) ©Heeyoon Moon

양화진 외국인 선교사 묘역
©Heeyoon Moon

서울 순례자의 길 계획안,
Heeyoon Moon 재작도

절두산 성당과 기념관의 내부 인테리어와 예술 작품은 이희태가 설계한 다른 성당과 마찬가지로 여러 분야의 예술가들과의 협업으로 이루어졌다.[23] 박물관에는 순교자들에 관한 조각품과 병인양요와 한국교회사와 관련된 유물과 문헌자료들이 진열되어 있다. 참혹한 사건이 있었던 장소에 지어진 절두산 성당은 여러 사람의 비평의 대상이 될 만큼 주목받는 건축물로 남아있다. 동시대에 살았던 김수근과 김중업과는 달리 이희태는 경기공립고등학교 건축과 출신이며, 정규 대학교육을 받거나 해외 유학을 하지 못했다. 그러나 그는 그 나름의 독특한 방식으로 한국성과 장소성이 동시에 느껴지는 절두산 성당 이미지를 만들었고, 이것은 사람들에게 여전히 강한 인상을 준다. 천주교 서울대교구는 절두산을 기점으로 새남터 순교지, 당고개 성지, 약현성당이 있는 서소문 밖 순교지 등을 지나 명동성당이 종착지가 되는 '순례자의 길'을 만들 계획을 내놓았다.[24] 이렇게 걸어서 도달할 수 있는 이어진 순례 길을 마련한다는 계획이 현실화되기 위해서는 철도를 복개하고, 우회도로를 만들고, 노숙인들의 장소를 옮기는 등 처리해야 할 많은 일이 남아있다. 그러나 서울에서 이 순례자 길이 완성된다면 절두산기념성당은 순례자 길의 출발지로서 더욱 주목받는 서울의 명소가 될 것이다.

설계 이희태 / 이희태 건축연구소
위치 서울특별시 마포구 토정로 6
규모 지하 2층, 지상 1층

1) 절두산 순교성지 기념성당은 설계 당시에는 병인 순교복자들을 기리는 뜻으로 '복자기념성당'으로 불렸다.

2) 병인순교란 병인양요 전후로 천주교도들을 대량 학살했던 사건을 말하며, 병인양요란 1866년에 대원군이 천주교도학살에 대한 보복으로 프랑스군이 침입했던 사건을 말한다. 당시에 대원군은 천주교 금압령을 내리고 프랑스 신부와 조선인 천주교신자 수천 명을 학살했다. 이 박해 때 프랑스선교사 12명 중 9명이 잡혀 처형되었고, 프랑스동양함대 사령관인 P.G. 로즈는 이에 대한 보복으로 강화도를 침입했다. 무기 면에서 조선군은 열세였으나 결과적으로는 뛰어난 전략으로 프랑스군을 정족산성에서 격퇴했다. 그러나 병인양요로 인하여 흥선대원군은 천주교 박해와 쇄국정책을 더욱 강화했다. 대원군은 프랑스 군함이 2차 원정에서 양화진까지 침입했을 때에 이를 물리치지 못한 치욕과 한을 풀기 위해 이곳을 "오랑캐를 끌어드린 천주교도의 피로 씻으리라" 말하면서 가톨릭교도들의 처형장을 서소문 밖 네거리와 새남터 등에서 이곳 양화진으로 옮겨 수많은 가톨릭교도들을 끌어다가 참수했다. 절두산에서 천주교 신자들을 처형한 기간은 1866년 10월부터 1867년 7월까지로 알려져 있다. 그리고 절두산에서 처형된 천주교 신자들의 수에 대해서는 여러 설이 있다. 여기서 처형된 천주교도들의 수를 '병인박해 순교자 증언록'에서 확인한 수치로 대략 추산하면 다음과 같다. 전국에서 순교한 신자의 수는 1,310명이고, 절두산에서 순교한 신자의 수는 29명이다. 증언록의 기록으로 확인되는 순교자들의 비율을 무명 순교자들까지 합친 전국 순교자 수인 8천 명에 대비시켜 계산해 보면, 절두산에서 순교한 신자들은 177명 정도로 추정한다고 한다. (절두산 순교성지 이야기: 버들꽃나루와 잠두봉, pp.96-99)

3) 박춘상 (이희태건축연구 실장), "복자기념성당 및 기념관" ("한국현대건축11인선" 글의 일부), 공간, p.31

4) 김정동, "양화진 강변에 솟아오른 방주-절두산 복자기념관", 근대 건축기행, 1999, pp.216-221

5) 위의 책

6) 나상진 "복자기념성당", 공간, 1968, pp.38-39

7) 박춘상, "복자기념성당" ('한국현대건축11인선' 글의 일부), 공간, 1967.11, p.31

8) 김원, "1967년 한국건축계관견", 공간, 1967.11, p.23

9) 김정신, "한국천주교 성당건축의 변천과정과 토착화에 관한 연구", 건축, 1984.01, p.72

10) 송희경, "양천팔경첩", 한국미술 산책, 네이버캐스트

11) 정인하는 그의 책에서 이런 예들을 세밀하게 분석하여 도식화하여 보여주었다. 정인하, 감각의 깊이 (이희태건축론), 2003, pp40-41, pp.68-71

12) 캔틸레버 (cantilever): 한쪽 끝은 고정되고 다른 끝은 받쳐지지 아니한 상태로 있는 보

13) 절두산 성당 준공 이후인 1970년 절두산성지종합개발 계획이 수립되면서 계단 길옆으로 우회하는 산책로와 양화진의 제방에서 올라오는 길도 생겼다. 현재에는 양화진의 제방에서 올라오는 길은 폐쇄된 상태이다.

14) 이런 비슷한 예를 프랭크 로이드라이트의 낙수장에서 찾을 수 있다. 낙수장 건물은 45각도로 보는 위치에서 폭포 위에서 캔틸레버된 발코니의 모서리가 강조되는 건물과 주변 경관이 하나가 된 것처럼 보이는 장면이 연출되도록 배치되어 있고, 우리는 낙수장 하면 의례 이 각도에서 찍은 사진의 장면을 떠올린다.

15) 김억중, "건축구성적 측면에서 본 절두산 순교기념관", 건축과환경, 1990.01, pp.146-148

16) 김억중, "신화의 이면: 절두산 순교복자 기념 성당 및 박물관", 건축가 김억중의 읽고 싶은 집 살고 싶은 집, 동녘, pp.143-180

17) 네이브 (nave): 교회 본당에서 측면에 줄지어 늘어선 기둥 사이의 중앙 공간
아일 (aisle): 교회 본당에서 예배 공간에서 측면에 줄지어 늘어선 기둥의 밖에 있는 복도

18) 둥근 평면 형태를 하고 있으며, 그 윗부분은 일반적으로 반구 형태의 지붕인 돔 (dome)으로 되어있는 공간

19) 이 최초의 성묘교회는 1009년 파티마 왕조의 칼리프가 거의 파괴했다. 그 이후에 십자군이 교회를 로마네스크 양식으로 재건하였고, 무덤의 위치는 유지하였고 돔은 있으나, 그 형태는 많이 달라졌다.

20) 성해실: 성스러운 유골을 보관하는 실

21) "순교자 기념관 세우다," 절두산 순교성지 이야기: 버들꽃나루와 잠두봉, 2003, pp.143-154

22) 대표적인 예로서 미켈란젤로 (Michelangelo Buonarroti) 의 캄피돌리오 광장 (Piazza del Campidoglio, Rome, 1536-46), 베르니니 (Gian Lorenzo Bernini) 의 성 베드로 광장 (Piazza of St. Peter's, Rome, 1656)과 스칼라 레지아 계단 (Scala Regia, Vatican, Rome, 1663-66) 등이 있다.

23) 종탑의 '순교자상,' 대리석 제대, 성당 내부의 십자가, 성체 감실은 김세중(1928~1986)의 작품이다. 제단 위 장미창의 '성 김효임 골룸바·효주 아녜스 자매 순교' 색유리화, 성당 양면 창틀의 '순교자' 색유리화, 그리고 성가대석의 '순교' 색유리화는 이남규(1932~1993)의 작품이다. 성당 내부 양 벽에 설치된 '십자가의 길 14처' 시멘트 조각상 14개는 최의순의 작품이다. 그는 14개 '손'의 표현을 통해 예수가 받았던 수난을 표현했다. 특히 십자가에 못 박힘을 당하는 제11처는 못 박힌 손의 격렬한 반응을 표현했다. 박물관에 걸린 모자이크 '순교'는 윤명로의 작품이며, 8백호 크기의 '병인 순교'는 장창섭의 작품이다. 2001년에 주차장 부근에 설치된 조각상 세트인 '절두산 순교자 기념탑'은 이춘만의 작품이다. 그 외에도 성지 야외에는 이곳에서 처형된 첫 순교자 가족상이 있는데 이것은 최종태의 작품이다.

24) "'순례자의 길' 계획도", 중앙일보, 2014.02.11

경동교회 Kyungdong Presbyterian Church

진보성향인 강원룡 목사와 상징적인 경동교회

　김수근이 경동교회[1] 설계를 통해서 선보인 기독교 교회당 외관은 다분히 상징적이며 다의적이다. 철근콘크리트 구조에 파벽돌 치장 쌓기가 외장으로 덧입혀진 ㄷ자형 단면을 한 선형 매스 19개는 조금씩 다른 모양을 하며 제 각기 다른 높이에서 꺾이면서 한 정점을 향해 하늘로 솟아 있다. 이런 건물 모습은 보는 이들에게 제각기 다른 이미지를 연상시킨다. 손가락을 모아 기도하는 손 모습, 여러 사람이 둥그렇게 모여 있는 모습, 높은 성벽 이미지, 노아의 방주, 불이 활활 타는 모습 등 성경에 등장하는 여러 이미지를 연상시킨다. 결과적으로 이 건축물은 보는 이에게 강한 인상을 남기는 도시 랜드마크 landmark 로 우뚝 서 있다. 19개의 선형 매스가 한 정점을 향해 모이면서 솟아 있는 모습은 경동교회가 '그리스도 안의 사랑의 공동체'임을 드러내기도 한다. 이런 파격적인 건축 표현은 당시 경동교회 담임목사였던 강원룡[1917-2006][2]의 사상 배경과도 관련 있다. 강원룡 목사는 당시에 한국 민주화운동과 평화운동, 종교 간 화합 등의 이슈를 제시하며 교회와 사회 갱신을 시대 사명으로 주장한 한국 기독교계에서 진보성향을 대표하는 인물이었다. 또한 그는 한국에서 교회가 사랑의 공동체로서 주도적으로 역할을 하기 위해 '예배의 축제화'를 선도했다. 그는 추수감사절을 '추석'으로 바꾸고, 마당놀이를 예배에 접목시키며, 교회 공간을 문화예술 공간으로 활용할 수 있게 적극 개방했다. 그는 경동교회에 축제 예배를 도입하면서 극작가

담쟁이로 덮여있는 경동교회 외관(2016)
©Heeyoon Moon

담쟁이가 제거된 경동교회 외관(2017)
©Heeyoon Moon

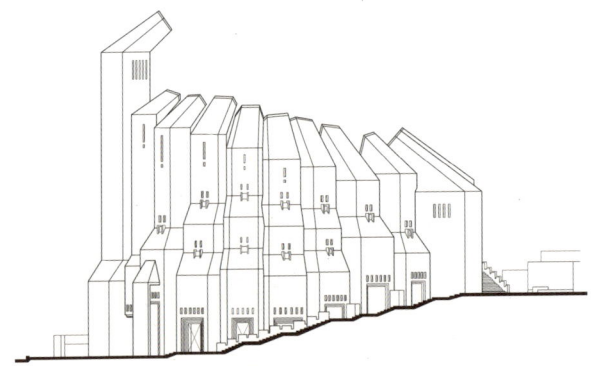

경동교회 남측면도, 이보라 재작도

와 연극배우, 작곡가와 무용가들이 서로 소통하며 자유롭게 표현할 수 있도록 적극적으로 교회 무대에 초청했다.

우리나라에서 대표적인 로마가톨릭 주교좌성당인 명동성당은 고딕리바이벌 양식, 한국 최초의 천주교 교회당인 약현성당은 로마네스크와 고딕의 절충양식, 한국 최초 개신교 교회당인 정동 제일감리교회 본당은 영국 고딕 리바이벌^{revival} 양식으로 볼 수 있다. 그리고 이 세 교회당 모두 외벽은 붉은 벽돌로 지어졌다. 그 이후 한국 근대 교회 건물들도 포인티드 아치형 창문이 연속적으로 들어간 붉은 벽돌 또는 석재 외벽, 박공지붕, 높은 종탑, 네이브와 아일로 구성된 장축형 평면과 스테인드글라스 창 등 서구 중세기독교 양식을 간략하게 리바이벌한 형식이 대세를 이루었다. 이에 반하여, 김수근은 서구 전통 양식과 구별되는 한국적인 기독교 교회당 설계를 시도했다. 특히 그가 경동교회에서 새롭게 시도한 설계 내용은 다음과 같이 요약할 수 있다. 첫째, 붉은 벽돌을 주재료로 여전히 사용하면서도 상징적이고 다의적 해석이 가능한 독특한 외부 형상을 구현했다. 둘째, 외부공간과 건물의 내부공간 사이의 전이 공간을 독특한 방식으로 구성함으로써 결과적으로 공간 분위기가 기승전결^{起承轉結}의 시퀀스^{sequence}를 갖게 했다. 마지막으로, 극장 평면과 디테일을 교회당 평면에 적용하여 종교적이면서도 극적인 공간 분위기를 연출했다.

경동교회 진입 플라자와
하부로 갈수록 넓게 펼쳐지는 계단
©Heeyoon Moon

계단 길로 유도하는 적벽돌이 깔린 진입 플라자

경동교회는 서울시 중구 장충동에 있으며, 건축가는 도심 대로변에 차량 통행이 많은 협소한 대지인 악조건을 극복하고 신성한 분위기를 낼 수 있는 교회당을 지어야 했다. 도심의 분주하고 협소한 여건하에서 김수근은 아늑하게 느껴지는 스케일과 세심한 디테일을 통해 그만의 독특한 형태와 공간을 만들었다. 교회당에 대한 이런 새로운 이미지는 공간의 전개 과정을 통해 드러난다. 그리고 각 단계에서의 공간 개성이 분명하여, 이를 기승전결로 나누어 볼 수 있다. 먼저, 도입^{introduction}하는 '기'^{起}에 해당하는 시작 공간은 대로변 보행로와 그대로 접한 '진입플라자'로 볼 수 있다. 협소한 대지 상황을 고려하여 배치계획에서 건물을 북측으로 배치하고 서측 도로에 접한 공간을 확보하여 '진입 플라자'$^{Plaza,}_{광장}$를 두었다. 이 진입 플라자는 사실 플라자라고하기에는 너무 작고, 당초에는

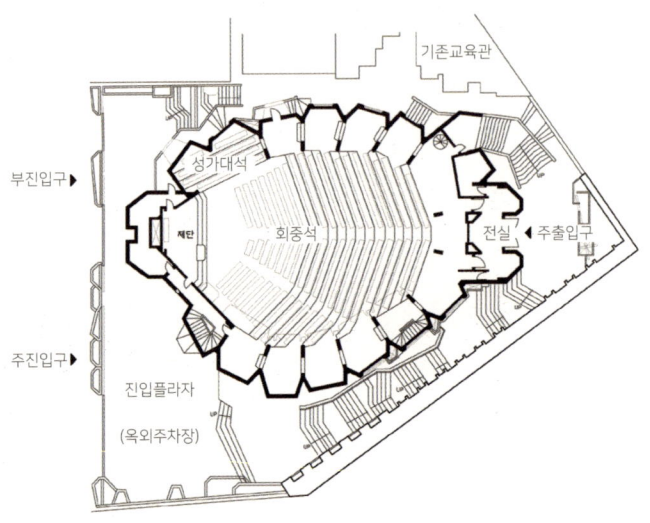

경동교회 1층 평면도 (시공되면서 설계가 조금씩 수정되어 도면은 현재 모습과 다소 차이가 있음), 이보라 재작도

옥외주차장으로 허가를 받았겠지만, 경동교회에서 옥외공간으로서는 가장 너른 평지이다. 이 플라자는 대로변 보행로와 바로 인접해 있지만, 보행로의 회색 보도블록과 구분되는 붉은 벽돌 포장으로 경동교회 영역을 분명하게 표현했다. 붉은 벽돌로 포장된 계단 길은 경동교회 본당을 끼고 순환하는 체계로 되어 있다. 경동교회의 옥외 순환체계는 본 책에서 소개한 환기미술관^{1992}의 옥외 순환체계와 공통점이 있다. 두 곳 모두 건물을 둘러싼 담장 디자인에 비중을 두어 계단 길을 오르도록 유도하고 있다. 또한, 경사지를 활용하여 오르내리는 순환 동선 상에 서너 개의 테라스를 두어서 협소한 옥외공간을 최대 활용하고 있다. 일단 경동교회의 주출입구를 통해 진입 플라자에 들어서면 왼쪽으로 '경동교회'라는 세로 글씨체의 표지가, 오른쪽으로는 위층으로 올라가는 계단이 보인다. 건축가는 하부로 갈수록 넓게 펼쳐지는 계단 형태에 바닥의 포장 벽돌을 길이 방향으로 깔아서 계단 쪽으로 올라가는 방향과 일치시켰다. 이런 계단 디자인으로 경동교회 영역에 들어선 사람들은 자연스럽게 2층 본당 쪽으로 오르게 된다.

경동교회의 오르막 계단길 ©Heeyoon Moon

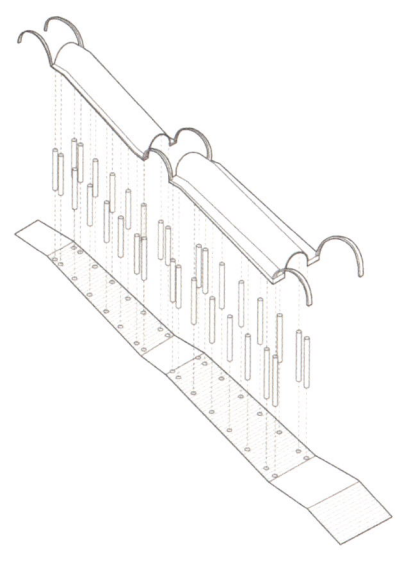
스칼라 레지아, 베르니니, 바티칸, 김태형 재작도

실제보다 더 고풍스럽게, 더 길게 느껴지는 계단 길

다음으로, 전개^{development}하는 '승'^承에 해당하는 공간 요소로는 주출입구까지 도달하는 계단 길을 들 수 있다. 이 진입 계단 시작 부분은 플라자의 형상을 자연스럽게 받아 지그재그식 단 형태로 되어있다. 계단의 이런 시작 부분 디자인은 2층 본당 주출입구로 갈 수 있도록 그 진입방향을 자연스럽게 바꾸는 포즈를 취한다. 건축가는 교회 본당 주출입구를 도로의 맞은편에 두어 남측에 있는 계단 길을 반 바퀴 지나서 길게 돌아 들어가는 진입방식으로 설계했다. 이런 방식에 대해 건축가는, "좁아지며 길게 위로 인도되는 성전으로의 길은, 신과의 만남을 준비하는 마음의 길이 되게 도입부로 삼아, 그 끝남에서 예수 고난의 저 십자가를 그대로 재현하여 성전 입구에서 옷깃을 여밀 수 있도록 배려"[3] 하기 위함이었다고 언급했다. 계단 길 왼편에는 파벽돌 치장 쌓기의 선형 매스로 분절된 건물 외벽과 그것을 덮는 담쟁이 넝쿨이 있다. 계단 길 오른편에는 여러 쌓기 방식을 조합한 기둥처럼 튀어나온 여러 매스와 조경을 위한 단이 있는 담장, 그리고 그 담 뒤로 나뭇가지들이 우거져 있어서 이 계단 길은 오래된 골목길 느낌이 난다. 특히 붉은 벽돌을 반으로 잘라 거칠게 잘린 면을 그대로 쌓은 파벽돌 치장 쌓기의 묵직한 벽에 빼곡히 얽혀 있는 담쟁이 넝쿨의 외벽은 고풍스럽고 차분하게 느껴진다.

건축가에 따르면, 파벽돌의 치장 쌓기 벽은 성전을 짓기 위한 '인간의 고뇌와 노력이 부조된 벽'이다. 이 계단 길은 사실상 1층 높이를 올라가는 길이에 불과하지만, 이 계단 길을 다 오를 때 즈음이면 불과 몇십 초 전에 왔던 복잡한 대로변의 분위기를 잊고 마음이 차분해질 만큼 디테일을 통한 건축가의 분위기 조성 능력은 세심하고 탁월하다. 비정형 계단의 폭은 오르면서 조금씩 줄어들고, 담장에 기둥과 같이 튀어나온 매스의 폭 역시 미세하게 줄어들어서, 이런 디테일은 착시현상을 일으킨다. 그뿐 아니라, 초반부에 약간 방향을 틀어 올라가는 진입방식으로 인해 진입 플라자에서 보는 이 계단 길은 실제보다 길게 느껴지는 착각을 유도했다. 계단 단들이 자연스럽게 밑에서 퍼지는 모양은 미켈란젤로^{Michelangelo Buonarroti, 1475-1564}의 라우렌치아나 메디치 도서관^{Biblioteca Medicea Laurenziana} 현관의 계단을 연상시키며, 계단을 오르기 시작하는 위치에서 계단 길의 거리가 길게 보이도록 착시를 유도한 방식은 베르니니^{Gian Lorenzo Bernini, 1598-1680}가 설계한 바티칸 시국의 스칼라 레지아^{Scala Regia}에서 그 유래를 찾아 볼 수 있다. 스칼라 레지아는 올라가면서 계단의 폭은 줄고 동시에 계단 위에 씌워진 볼트 천장을 받치는 기둥의 길이 역시 같이 줄면서 3차원적으로 계단 길이 실제보다 길게 느껴지는 착시현상을 준다.

치장벽돌 피복에서 철근콘크리트 골조로의 강한 대비를 드러낸 전환 공간

계단을 올라오면 왼편으로 주출입구가 한 눈에 들어오는데, 그 안으로 들어가면, 본당 대예배실이 있다. 검붉은 파벽돌로 된 선형 벽들과 여기에 빼곡히 얽혀 있는 녹색의 담쟁이 넝쿨이 진한 보색대비를 이루며 하늘로 열려 있던 환한 외부 공간과는 대조적으로 이 내부공간에서는 인공조명을 켜지 않을 경우에는 매우 어둡다. 이곳이 분위기가 갑자기 전환^{turn}되는 전^{轉}의 공간이라 할 수 있다. 내부는 모두 벽기둥과 보가 일체화되어 촘촘한 갈비뼈처럼 휘어진 노출콘크리트로 구조를 그대로 드러낸다. 마치 공룡과 같은 큰 동물의 몸 안으로 들어온 기분이 든다. 건축가는 교회 본연의 모습을 초기기독교 시대에 있었던 지하 묘지의 비밀 예배 장소인 카타콤^{Catacombe}에서 찾았으며, 실제로 이 경동교회 대예배실은 땅 밑의 어둡고 습한 공간 분위기를 낸다. 외벽에는 아주 작은 창 이외에는 내지 않았고, 채광은 거의 설교단의 천창을 통해서 되기 때문에, 이 대예배실이 지상층에 있다는 것을 그 내부에서는 거의 느낄 수 없다. 서구의 전통적인 교회 본당에는 중앙에 네이브와 그 양 옆으로 아일의 복도 공간이 있는 것과는 다르게 이곳 본당 외벽의 각 기둥 사이에는 각기 레벨이 다른 발코니가 걸려 있어서 마치 극장에 온 느낌도 든다. 어두우면서도 감싸는 것과 같은 공간 형상을 하고 어둠 속에서 설교단에 집중된 빛의 신비스러운 효과는 잘 살렸을지라도, 자연광을 극도로 제한함으로써 인공조명의 도움 없이는 공간을 사용할 수 없다는 것이 줄곧 비판의 대상이었다. 교회가 애초 의도했던 사랑의 공동체로서 다양한 행사와 교육 프로그램 및 결혼식과 같은 세속적인 행사를 할 때에는 이런 낮은 조도는 더욱 문제가 되었다. 현재에는 인공조명이 곳곳에 설치된 상태이다. 이런 조도 문제를 정인하가 지적한 것[4] 외에도 정림건축의 김정철은 예배당의 누수 문제와 음향 문제[5]를 거론했다. 교회 내부 전체가 반사재인 콘크리트 벽으로 되어 있고, 흡음 기능을 할 수 있는 패브릭 벽이 거의 없으므로 교회 내부에서 소리가 많이 울린다.

예배당의 넓은 공간 스팬과 불규칙한 형태를 만들기 위해 철근콘크리트 구조

양 옆으로 레벨이 다른 발코니가 걸려있는 경동교회의 본당 모습 (2016) ©Heeyoon Moon

가 쓰였으며, 외부는 치장 벽돌로 마무리되었다. 이런 점에서 정인하는 건물 외부 이미지와 내부 이미지가 너무 차이가 나서 당혹감을 느끼며, 이 경우 "구조체계의 합리성과 기능의 일치라는 원칙에 위배"[6] 된다고 비평했다. 그리고 그는 김수근이 이런 근대건축의 원칙에 큰 의미를 두지 않았다고 해석했다. 상징성이 강한 교회 건축에 있어서 구조체계를 외부로 정직하게 반드시 드러내야 하는가라는 이슈에 대해 의견이 다를 수 있다. 경동교회 대예배당 공간에 한정해서 보자면, 건축가는 노출 콘트리트 구조 체계를 여지없이 드러내고 있다. 옥상 층이 야외 채플로 있었던 초기 건물 사진에서 확인할 수 있듯이, 옥상에서 ㄷ자형의 매스는 그 바깥쪽으로는 치장 벽돌, 그 안쪽으로는 철근콘크리트가 구조 결합된 단면을 모두 보여준다. 따라서 경동교회는 내부 골조를 외부로 그대로 드러내는 단순한 타입이 아니라 젬퍼 Gottfried Semper, 1803-1879가 제시한 피복으로서의 스킨을 골조에 입힌 이중체계로 볼 수 있다. 결과적으로 붉은 벽돌 쌓기 외

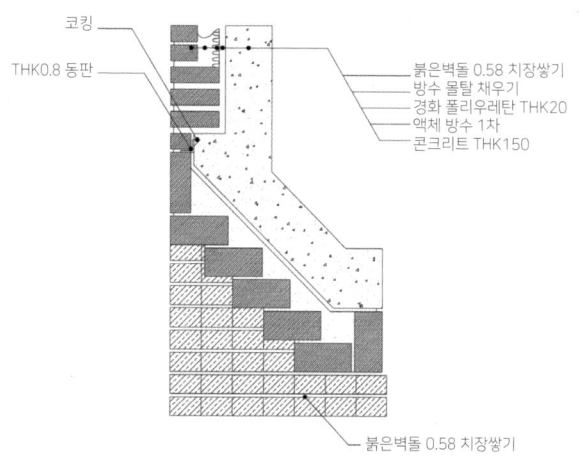

경동교회 외벽 단면상세도: 철근콘크리트 구조와 치장벽돌 피복의 결합, 김현엽 재작도

벽과 노출 콘트리트 내부 구조체의 강한 대비는 세속적인 공간에서 성스러운 공간의 대비라는 극적인 전환 무드를 만들어 낸다고 해석할 수 있다.

확실히 김수근이 설계한 교회 건축은 과학기술을 전제로 발전해 온 서구 근대주의 건축과는 구별된다. 경동교회를 준공했던 1980년에 김수근은 UIA 동경회의 기조 연설에서 '건축의 네가티비즘'^{Negativism}이란 개념을 발표했다. "적극적으로 건축을 하되 긍정적인 면과 밝은 면, 또는 인간 중심적인 면이나 건축주의 요청만을 고려하기 때문에 건축설계에서 제외되기 쉬운 중요한 측면들을 신중하게 고려하자는 것이 네가티비즘의 뜻이다."[7] 김수근은 서구 근대주의 건축과는 구별되는 한국적 공간 개념 특징을 네가티비즘으로 해석했고, 이런 근거로서 유가의 도덕사상, 불가의 금욕사상, 도가의 무위사상의 예를 들어 설명했다. 그는 "우리의 전통사상이 가지고 있는 네가티비즘은 분명히 과학기술의 발전에 부정적 태도를 갖게 해준다"고 인정하면서도 과학기술이 없이는 살 수 없는 현대에서 공학기술이 해결할 수 없는 문제가 있을 수 있다는 것을 인식하는 것도 중요하다고 역설했다. 그가 제안한 공간 기능과 형태에 관한 네가티비즘적인 접근 태도는 기

인공조명을 끈 상태의 경동교회 본당 설교단 모습 ©Heeyoon Moon

능주의 한계와 역기능적 요소를 고려한 결과이다. 제한된 기능만을 만족하는 설계일수록 역기능의 결과가 나타날 가능성이 많다. 그는 공간을 사용하는 사람에게 기본적인 기능 외에도 다양한 기분을 느끼고 사고를 할 수 있는 "기분 공간 또는 무드 공간"Mood Space 개념을 제시했다. 김수근이 네가티비즘 사상에 대한 철학적 체계와 논리적 틀을 잡는 데에 많은 도움을 주었다고 알려진 철학과 소흥렬 교수[8]는 다음과 같이 요약했다. 무드 공간은 "명상의 공간이며, 영감을 얻게 하는 공간이다. 창조적인 사유를 위한 공간이다."[9] 김수근은 이런 무드 공간은 직접적인 생산 기능을 수행하지는 않지만, 정신적인 힘을 회복할 수 있는 여유와 명상의 공간이라고 설명했다. 김수근은 '네가티비즘'을 번역하지 않고 우리말로 그대로 쓰겠다고 했는데, 서양의 포지티비즘Positivism과는 다르게 아직 그 의미를 명확히 설명해 줄 수 있는 공간 철학적 개념이 준비되지 않았기 때문이다. 서양의 포지티비즘은 일반적으로 자연과학에 기초하여 여러 현상을 관찰·분석·예측한

경동교회 본당의 작은 창들과 인공조명
©Heeyoon Moon

것을 학문적 진리로 간주하며, 따라서 초월적, 형이상학적인 사변^{思辨}을 멀리하는 사조를 말한다. 이에 반하여, 김수근의 네가티비즘은 실제로 잡히지는 않지만 앞으로 있을 창의적인 잠재력을 중요시한다. 불교에서 말하는 '공^{空}'은 색과 형체가 없어지는 상태이지만, 동시에 모든 색과 형체가 가능한 잠재력이 있는 상태를 말한다. 서구의 포지티비즘적이고 과학적인 접근 방법보다 동양의 네가티비즘의 무드를 우위에 놓는 공간 사례로서 이 경동교회를 들 수 있다. 내부에 들어와서 차분하게 마음을 가라앉히고 기도하고 예배할 수 있는 영적 분위기를 외부 세속 도시에서 밝고 기능적인, 소위 포지티비즘적인 공간과 강한 대조를 이루도록 건축가는 의도했다. 그는 확실히 이 대예배실 설계에서 구조, 음향, 조도 등의 합리적이고 기술적인 해결보다 종교적 무드와 감흥의 효과를 우위에 놓았다.

붉은 벽돌 외벽과 노출 콘크리트 구조체 대비가 드러나는 경동교회 옥상 (현재에는 3층 강당이 됨. 사진출처 PA 김수근, 건축세계, 1999)

하나님 또는 하늘을 만나는 결론 공간

　건축가가 경동교회에서 의도한 시퀀스를 가진 공간 체계에서 마지막 결론 conclusion 에 해당하는 '결'(結)의 공간은 둘로 나누어 볼 수 있다. 먼저 본당 대예배실의 설교단 부분으로 생각할 수 있는데, 이곳은 어두운 예배실 안에 들어서면 제단 위 천창에서 쏟아지는 빛으로 공간의 초점이 된다. 성서에서는 빛은 성령 또는 하나님의 존재를 상징하는데, 특히 설교단 위의 긴 십자가가 있는 벽은 어둠 속 빛의 대조로 성령 충만함을 상징한다. 밝은 십자가를 보는 순간 사람들은 일상적이고 세속적인 공간으로부터 완전히 벗어나 여정의 목적지인 성스러운 예배 공간에 도착한 것을 체감한다. 반면에 경동교회에는 다른 교회에서는 찾아볼 수 없는 또 하나의 특이한 결론적인 공간이 있는데, 이는 옥상에 있는 계단식 야외 채플이었다. 지상에서부터 솟은 19개 선형 매스로 된 벽들이 이 야외 공간을 둘러싸고 있으며, 특히 건물 정면에서 제일 높게 솟은 두 개의 합해진 오목한 매스가 이 공간의 초점을 이룬다. 공중의 한 정점으로 솟아 있는 19개의 오목한 매스 벽들로 인

경동교회 3층 강당 (2016)
©Heeyoon Moon

해 이 공간은 아늑하면서도 하늘을 향해 열려있다. 이 야외 채플은 만민에게 개방된 '예배의 축제화'를 이슈화 한 경동교회 특유의 경향을 형태적으로 드러낸다. 강원룡 목사가 "정면에 기도하는 모습을 구현한 타워를 중심으로 1층은 인간과 인간, 2층은 인간과 하나님, 3층은 인간과 자연의 만남을 위한 공간 구성"[10] 이라고 언급했듯이, 이곳은 인간이 하늘을 대면하는 곳이었다. 그러나 현재에는 여해 강원룡 목사를 기리는 여해문화공간이라 명명되어 있지만, 기념관이라기보다는 일반 트러스 구조 지붕으로 덮인 중규모의 실내강당이다. 경동교회 당호의 건축 모습이 보존되지 못한 점은 김수근 건축가와 우리 건축인들에게는 안타깝다. 그가 '인간과 인간'이라고 칭한 1층은 대예배실 층의 하부이며, 야외 플라자에서 바로 진입하는 층으로 여기에는 친교실, 소예배실, 기도실 등으로 '인간과 인간'의 만남의 공간으로 쓰이고 있다. 현재에는 이 경동교회 본당 외에도 이 건물 뒤편으로 교육관 건물과 선교관 건물이 들어서 있다.

산토볼토 교회 외관, 마리오 보타, 2006 ©Heeyoon Moon

경동교회와 닮은 산토볼토 교회

　외부 모습에 있어서 어딘지 닮아 보이는 마리오 보타$^{Mario\ Botta,\ 1943-}$가 설계한 산토볼토$^{Santo\ Volto,\ 2006}$ 교회를 김수근이 설계한 경동교회^{1980}와 비교해 볼 수 있다. 보타는 국내에서도 강남 교보타워, 리움 미술관 등을 지었기 때문에 국내의 수려한 건축물로서 손꼽히는 경동교회를 알고 있었을 수도 있다. 우선, 외관에 있어서, 경동교회에서는 서로 높이와 형태가 조금씩 다른 19개의 ㄷ 자형 선형 매스는 안으로 꺾인 형태로서 하늘의 한 정점을 향해 솟아있는 반면에 산토볼토에서는 7개의 같은 모양을 한 35m 높이의 탑이 군집하여 하늘을 향해 평행하게 솟아 있다. 그리고 그 주위로 밖으로 구부러진 모양의 일곱 쌍의 작은 탑들이 둘러싸고 있다. 산토볼토 교회는 이전의 피아트^{Fiat} 공장 대지에 지어졌다. 보타는 대지의 과거와 연결된 감각을 유지하려는 방안으로서 기존 공장에 있었던 굴뚝을 남겨서 신축 교회 탑으로 활용했다. 그리고 이와 연관된 모티브로서 7개의 탑이 모인 형상을 교회 외형으로 제시했다. 두 교회 본당의 내

7개의 벽에 총 540개가 넘는 작은 창들이 있는 산토볼토 교회 내부 ©Heeyoon Moon

부공간을 비교해 보면 비슷한 외부 모습과는 다르게 대조되는 특성들이 드러난다. 경동교회는 비정형이며, 지하 공간과 같은 어둡고 습한 전체적인 분위기에 제단 천창을 통한 극적인 빛을 연출했다. 반면에 산토볼토에서는 전체 공간은 중앙집중적이만, 제단 공간은 중앙 네이브 바깥에 있는 7개 채플 공간 중의 하나로 할당되어 있다. 그리고 천창의 빛 역시 고른 분포를 하고 있다. 경동교회에서는 각각의 기둥 사이에 작은 창들이 한둘씩만 있는데 반하여 산토볼토에서는 7개의 벽에 총 540개가 넘는 작은 창들로부터 빛이 확산되어 들어오고, 내부공간은 고르게 환하다. 그러나 중앙으로 모이는 천장 디자인으로 인하여 내부 공간은 매우 기하학적이며 그래서 좀 과장된 느낌이 든다.

네피게스 순례교회 외부 전경, 고트프리트 뵘, 1962 ©Laurian Ghinitoiu

네피게스 순례교회와 표현주의 교회 건축물

경동교회와 같이 표현주의 교회건축의 대표적인 사례로서 네피게스 순례교회 Nevigeser Wallfahrtsdom, 1962 를 들 수 있다. 고트프리트 뵘Gottfried Bohm, 1920- 은 교회 입구를 기차역 근처에 두라는 현상설계지침을 지키지 않고 교회당을 대지의 가장 높은 곳에 두었다.[11] 이곳까지 걸어 올라가는 순례여정에 사무실과 수도원 건물들을 연속적으로 배치했다. 이런 작은 건물들이 이어진 모습은 마치 순례자들 행렬처럼 보인다. 그 순례 절정에는 거대한 바위산과 같이 보이는 노출 콘트리트로 된 순례교회 본당이 있다. 이것은 초기 교회당으로 쓰였던 천막 모습을 연상시키기도 한다. 이 교회당은 뾰족하게 솟은 단단한 여러 매스가 군집한 형태로 그 일대의 랜드마크landmark로 우뚝 서 있는데, 이런 모습도 경동교회와 비슷하다. 내부에서도 설교단 부근의 밝은 빛을 제외하고는 다른 외벽에는 아주 작은 창만을 내어 지하 예배장소였던 카타콤과 같이 어두운 공간 분위기를 낸 것도 두 교회당의 공통점이다. 특히 어두운 분위기에서 설교단으로 집중된 빛을 이용하여 노출 콘크리트 구조의 조형성과 입체감을 살리며 성스러운 효과를 극적으로 연출한 것도 매우 비슷하다.

설계 김수근 / 공간 종합건축사사무소
위치 서울특별시 중구 퇴계로50길 43-6
규모 지하 1층, 지상 2층(현재 지상 3층으로 개조)

1) 경동교회는 1945년 첫 예배를 올린 후 현재까지도 잘 유지되고 있는 유서 깊은 교회이다. 1960년부터 사용하던 건평 20평 규모의 2층 옛 건물을 허문 자리에 건축가 김수근 (1931-1986)이 새로운 교회당을 설계하여 1980년에 완공했다. 경동교회는 김수근이 1979년 마산 양덕성당에 이어 두 번째로 설계한 종교 건물로서 그 이후에 지은 1985년 불광동 성당과 함께 그의 3대 종교 건축물로 언급되곤 한다. 이 세 종교건물 모두 그의 건축 경력 후반기의 작품에 속하며, 그는 이 건물들의 설계를 통하여 기독교건축에 있어서 새로운 한국적 외관과 공간 형태를 보여주려고 시도했다.

2) 강원룡은 김재준의 뒤를 이어 1958년부터 1982년까지 경동교회에서 담임목사로 목회활동을 했다.

3) 김수근의 글 "하늘로 열리다"에서 인용

4) 정인하, 김수근 건축론, 시공문화사, 2000, p.217

5) 김정철, "공간 환경을 창조하는 지휘자," 당신이 유명한 건축가 김수근 입니까, 김수근문화재단, 공간사, 2002, p.218

6) 정인하, 앞의 책, p.140

7) 김수근, "건축에 있어서의 네가티비즘," (UIA동경회의 기조논문, 1980), 좋은 길은 좁을수록 좋고 나쁜 길은 넓을수록 좋다 (재수록), pp.240-248

8) 정인하, 앞의 책, p.134

9) 소홍렬, "김수근의 예술정신," 당신이 유명한 건축가 김수근 입니까, 김수근문화재단, 공간사, 2002. pp.274-279

10) 강원룡, "나와 김수근 선생," 당신이 유명한 건축가 김수근 입니까, 김수근문화재단, 공간사, 2002, p.217

11) 네피게스 순례교회는 표현주의 건축 전통이 강한 독일에 있으며, 1986년 프리츠커상을 수상한 고트프리트 뵘이 현상설계에서 당선하여 설계했다. 18세기 후반 이후로 네피게스 지역은 순례 여정에 속해 있었고, 2차 세계대전이후에 증가한 많은 순례자들을 감당하기 위해서 이전의 바로크식 수도원을 허물고 새로운 수도원 교회를 설계하는 현상설계가 열렸다.

탄허대종사 기념박물관 Tanheo Memorial Museum

건물 내부에서 연출한 전통사찰의 외부공간 경험

　탄허대종사기념박물관은 한국불교계의 고승이자 불경 번역학자로서 일인자인 탄허 스님$^{1913-1982}$을 기리기 위해 지어졌다. 탄허 박물관에는 이런 스님의 업적과 정신을 기리는 전시공간뿐 아니라 학문을 통해 불자의 길을 수행하는 교육 및 예불 공간도 마련되어 있다. 한국 전통 사찰은 주로 산속에 위치하고, 이곳에서는 일반적으로 일주문, 천왕문(금강문), 불이문(해탈문), 누문과 같은 순서로 진입 공간을 지나 부처님 상을 모시는 대웅전에 다다르게 된다. 이런 경우에는 건물들이 너른 대지 안에서 수평 방식으로 펼쳐졌다. 반면에 도시 생활공간과 접하며 다소 협소한 본 대지 조건 하에서 건축가는 필요한 공간들을 입체적인 다층 형식으로 압축해서 하나의 건물 안에 수용하여 설계해야만 했다. 그러면서도 건축가는 전통 사찰에서 볼 수 있는 연속적으로 이어지는 공간 장면을 상기시키도록 의도했는데, 이것을 소위 르코르뷔지에가 주창했던 '건축적 산책' architectural promenade의 관점에서 해석해 볼 수 있다. 다시 말해, 건축가는 본 건물의 주요 공간인 교육, 전시, 예불 공간들 사이사이에 '과정적 공간'을 둠으로 우리가 전통 사찰에서 산책하면서 연속적으로 바뀌는 장면에 대한 경험을 건물 내부에서도 느낄 수 있도록 연출했다.

탄허대종사 기념박물관 배치도
©한올건축사사무소

탄허대종사 기념박물관 외관 ©김란수

입구 모습과 금강반야바라밀경이 새겨진
실크스크린의 외벽 ©김명규

세속 번뇌를 없애는 108열주 통로

　탄허대종사기념박물관에 다다르면 백색 글씨의 금강반야바라밀경金剛般若波
羅密經 전문이 실크스크린으로 프린트된 유리 외벽이 먼저 눈에 들어온다. 이것
을 줄여서 금강경이라 부르는데, 이 금강경은 국내 조계종에서 근본 경전으로
쓰이며, 〈반야심경〉 다음으로 가장 많이 읽히는 불교 경전이다. 이 프린트된 외
벽은 이 건물이 불교학자인 탄허 스님을 기리며, 이 건축물이 불자들의 성전이
자 학림이라는 것을 상징적으로 보여준다. 건축가는 건물의 지상 1층에 필로
티를 두어 주차장으로 할애했고 그래서 금강경의 전문이 새겨진 2층 이상의 벽
이 목재 벽 위로 떠 보이도록 했다. 그는 주 층을 지상 2층에 두고, 2층으로의
접근로로서 기다란 옥외 통로로 만들었다. 그리고 이 통로의 시작 부분과 끝부

입구 통로의 코르텐강의 108열주와 목재 캐노피 ©김명규

분에 계단을 두고, 통로의 중간 부분에는 완만한 경사로를 두었다. 이 긴 통로의 오른편에는 건물 목재 사이닝 벽이, 왼편에는 코르텐강으로 된 108열주가 있고, 위편에는 목재 루버로 된 캐노피가 매달려 있다. 불교에서 108이라는 숫자는 108번뇌를 뜻하며, 이런 무진번뇌를 끊는 실천 방법으로 108염주, 108배 등이 있다. 탄허대종사기념박물관 진입 통로에 있는 108열주는 세속적인 번뇌를 없애면서 성스러운 영역으로 들어가는 마음가짐을 갖도록 유도한다. 건축가는 속세 영역과 성역을 나누는 전통사찰의 일주문을 대신하여 이 108열주와 캐노피를 두었으며, 이 공간을 '최초의 과정적 공간'으로 설정했다.

물의 중정과 대강당 외벽의 접이식 문 ⓒ김란수

시적이며 명상적인 물의 중정과 대강당

 현관에서 오른편으로 들어가면, 2층 높이의 밝은 홀이 있으며, 그 남측 정면의 유리 벽 바깥으로는 콘크리트 벽으로 막힌 넓은 물의 중정이 펼쳐져 있다. 이 물의 중정 담장인 콘크리트 벽은 중성적이며 무심해 보이지만, 그 뒤로 보이는 나무숲, 동측의 대나무 조경, 위로는 하늘과 이것들이 물에 비친 모습으로 인해 시적이며 명상적인 분위기를 자아낸다. 2층 메인 홀 끝으로 교육 공간인 대강당의 문이 보인다. 대강당에 들어서면, 입구 부분의 공간 위로는 3층 법당 매스가 매달려 있어서 천장이 낮은 반면에, 정면부에 해당하는 나머지 반 부분의 공간 천장은 높다. 대강당 안 정면 벽은 금강경 글귀를 동으로 주물한 글자를 판으로 만들어 마감했다. 이것은 하나의 조각이 10자로 구성되어 있고, 이런 조각이 550개로 나열된 것이다. 정면 벽 중앙 위로 높고 밝은 천창을 두어 부처님께서 금강경을 설하신 보광명전을 은유적으로 표현했다. 이 대강당 남측 면으로는 여기를 들어오기 전에 홀에서 봤던 물의 중정을 대형 도어를 통해 다른 각도에서 볼 수 있다. 이 도어는 이중 장치로서, 외부 도어는 접이식 개폐 방식이며, 내부 도어는 상부 벽체로 올라가도록

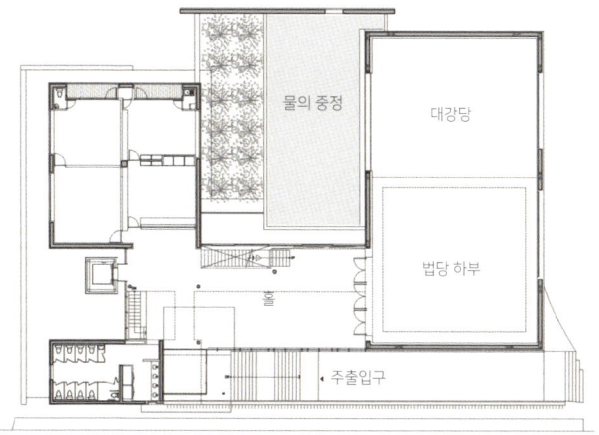

대강당이 있는 2층 평면도 ©한울건축사사무소

대강당 내부 모습 (금강경의 글귀를 동으로
주물한 정면 벽과 좌측 외벽의 접이식 문)
©김명규

대강당 안에 떠 있는 3층의 법당 모습
©김명규

작동된다. 외부도어는 펀칭 메탈 쉬트를 프레임에 고정시킨 형태로 반투명이며 외기가 통한다.

　대강당에서 나오면 정면에 3층으로 올라가는 계단이 있다. 이 계단으로 올라가면 3층 전시공간과 법당을 갈 수 있다. 건축가는 이 계단을 단순히 위층으로 연결하는 기능을 넘어서 다른 장면이 연출될 것이라는 기대감을 주며 상징적인 전이를 암시하는 '제2의 과정적 공간'으로 설정했다. 이 계단은 물의 중정이 보이는 유리벽 옆으로 나있으며, 이 유리 벽 외부에 있는 목재 루버를 통해서 들어오는 빛으로 인해 계단 공간은 눈부시다. 계단을 오르면 전시실 입구가 바로 보이며, 자연스럽게 이 전시실 안으로 들어가게 된다. 이 방은 탄허 스님의 일대기와 유품이 전시된 상설 전시실이다. 조금 전 눈부시게 밝은 계단 공간과는 대조적으로 전시실 입구는 한정된 공간 안에서 극적인 경험을 주기 위해 좁은 곡선형 공간으로 되어 있다. 이 입구 공간은 한 면에는 흰 벽, 다른 한 면에는 코르텐강 벽이 달팽이 모양으로 휘어지는 좁은 통로로 되어 있다. 이런 좁고 미니멀한 통로는 108번뇌를 미처 떨쳐버리지 못한 대중이 대종사의 행적을 보여주는 전시에 집중하기 위해 차분한 마음가짐을 준비할 수 있도록 의도되었다.

탄허대종사의 일대기와 유품이 전시된 상설전시실 ©김명규

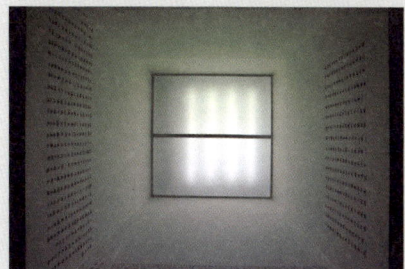

전시박스 내부 모습 ©김명규

탄허대종사기념관전시실의 코르텐강 벽 ©김명규

탄허 스님의 불경 번역 업적

탄허 스님은 22세에 입산하기 전에 이미 사서, 삼경 및 노장 등 제자(諸子)의 전 과정을 마친 수재였고, 이미 탄탄한 학문의 토대 위에서 출가 이후에 불교를 터득함으로써 유불선 3교의 사상을 통달할 수 있었다. 스님은 24세에 선교(禪敎)를 겸한 인재를 양성하기 위해 "강원도 3본산 (유점사, 건봉사, 월정사) 승려연합수련소"를 오대산 상원사에 설치했다. 여기서 은사 한암 스님의 증명 아래 중강(中講)으로서 금강경, 기신론, 범망경 등을 강의했는데, 이는 국내 불교계에서 처음 있는 일이었다고 한다. 탄허 스님은 중강을 맡으면서 불교 경전의 번역에 대한 필요성을 절감했고, 27세 이후 70세에 열반하기까지 15종의 불교 경전을 국역하여 74권을 간행했다. 탄허 스님의 역경 업적은 국내 불교계에서 조선 초기 역경 이후 개인 작업으로 최대의 분량이었다. 이 역경 불전들은 전국 불교 강원의 교재로 사용되어, 일반인들도 불교 경전을 쉽게 이해할 수 있게 되었다. 결과적으로 일반인들이 불교를 종래의 단순한 기복신앙에서 이성적인 신앙으로 받아들이도록 전환하는 계기에 탄허 스님의 번역 경전이 결정적인 역할을 했다.

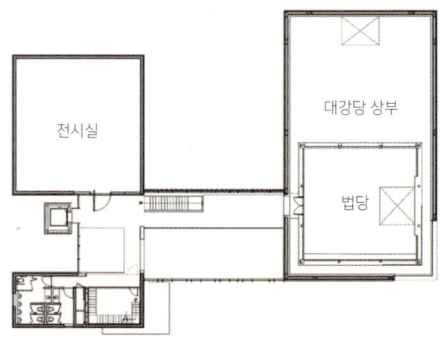
3층 평면도 (다리 좌측의 전시실과 우측의 법당) ⓒ한울건축사사무소

탄허 吞虛, 즉 허공에 매달린 법당

　전시실을 나오면 천장 부분과 한쪽 벽을 연결하여 짠 목재 루버로 감싸여진 다리로 된 복도가 놓여 있다. 전시실과 예불 공간인 법당을 연결하는 이 다리를 건축가는 '제3의 과정적 공간'이라 설명했다. 이 공간의 한쪽 벽은 전면유리 벽이며, 그 외부에 있는 목재 루버를 통해서 들어오는 빛은 빗살무늬의 그림자를 드리우며 현란하다. 이런 밝고 현란한 다리 공간 너머로 열려 있는 법당의 개구부 안은 대조적으로 어두우며, 그 안에서는 황금색 불상이 빛나고 있다. 법당은 어둡지만, 불상이 모셔진 자리 위로 사각형 구조물인 닷집[2] 상부는 천창으로 되어 있어, 불상의 머리 위로 밝은 빛이 쏟아진다. 전통사찰에서는 불상 측면에서 빛이 들어오지만 건축가는 상부 자연조명 방식으로 설계하여 불상은 좀 더 집중적으로 공간의 초점이 된다. 단면도에서 나타나듯이, 이 법당은 대강당의 볼륨 안에 또다시 정방형의 볼륨이 매달려 떠 있는 형상이다. 이 '집 안의 집'인 대웅전 볼륨을 허공에 떠 있도록 의도한 것은 대종사의 법명이 탄허 吞虛 즉 허공이며, 그래서 이 법당은 탄허 스님 자신을 상징한다. 이 법당의 볼륨은 건물 밖 입구 부분에 있는 모서리 창을 통해서도 그 존재감이 인지된다. 법당 외부 수직 루버는 전통건축을 표현한 수평의 오색 단청 처마와 연결된 구조물로 되어있다.

목재 루버로 감싸여진 다리로 된 3층 복도와 법당의 입구 ⓒ김명규

3층 법당의 내부 모습 ⓒ김명규

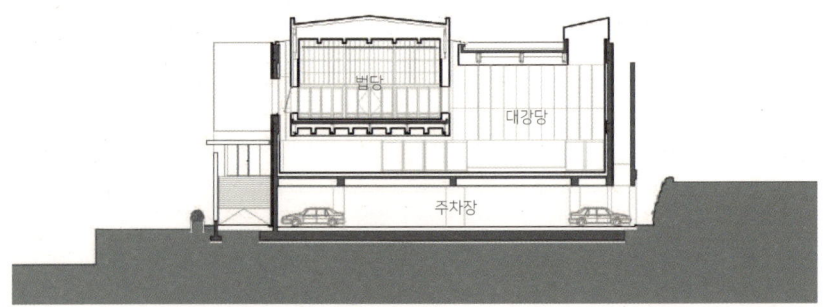

단면도 (대강당 안에 떠 있는 법당) ⓒ한울건축사사무소

모서리 창을 통해서 보이는 법당의 모습 ⓒ김명규

요약하자면, 건축가는 탄허대종사기념박물관에서 각각의 공간들을 지날 때마다 전통사찰의 외부공간을 산책하면서 느끼는 장면을 건축 내부에서 상기할 수 있도록 은유적인 디테일과 형상으로 세심히 구성했다. 입문의 의미를 지니는 108열주로 된 경사진 길, 한정된 체적 안에서도 교육, 전시, 예불 공간들 사이사이에 '과정적 공간'을 입체적으로 둠으로써 산책하는 공간 체험을 극대화한 구성 방식, 공간 안에 떠 있는 또 하나의 공간 만들기, 자연광과 목재를 활용하여 전통 닫집과 처마를 현대적으로 디자인하는 등 다양하고 독특한 건축적 장치들을 고안해 냈다. 결과적으로 건축가는 심적인 정화를 준비시키는 세 개의 과정적 공간과 이에 대비되는 교육, 전시, 예불 공간으로 나누어 설계했고, 각각의 공간에 인테리어와 건축을 융합하는 상징적인 디테일을 창의적으로 고안하여 결과적으로 현대식 사찰을 성공적으로 구현했다.

설계 이성관 / 한울건축사사무소
위치 서울특별시 강남구 밤고개로14길 13-51
규모 지하1층, 지상3층

1) 탄허 박물관은 수서역이 있는 밤고개로 대로변에서 교수마을 쪽으로 들어오는 길 끝에 있으며, 주변에는 단독 주택지, 근린생활시설, 교회관련 시설이 있다. 이 건물 대지는 대모산 북사면의 개발제한구역에 있어서, 건축가는 북향의 좌향, 12미터 높이제한과 450평의 면적제한이라는 조건하에서 설계해야했다.

2) 닷집: 천개(天蓋)라고도 함. 불상 위에 세워진 집 모양의 구조물

재탄생한 공공 공원건축

선유도공원, 2002					262
북서울꿈의숲 아트센터, 2009		278
어린이대공원 꿈마루, 2011			296

선유도공원 Seonyudo Park

발상의 전환점이 된 재활용 공원

'선유도공원화사업 현상설계'에 당선된 서안 컨소시움은 기존 구조물을 적극적으로 재활용한 생태공원안을 제시했다. 이들은 "시간의 흔적와 건축, 자연이 함께 녹아 있는 장소를 만들기 위해 건축과 조경작업의 경계가 모호" [1]하도록 의도했다. 이것은 함께 응모한 다른 안들이 기존 건물들을 철거하고 새로운 공원을 제안한 것과는 사뭇 다른 아이디어였다. 현상 주최 측은 조선시대 진경에서 일제강점기 근대화와 1970-90년대 산업화를 강요당하는 수난을 겪으면서 거의 폐허가 된 선유도를 생태공원화시키는 설계를 공모했다. 그리고 서안의 조경설계가와 건축가 컨소시움이 제안한 근대산업의 폐허들도 우리의 유적으로서 존중하는 아이디어는 참신했다. 그들은 옛 구조물 위에 필요한 시설과 조경을 세심히 덧입힘으로써 그 장소에서 축적된 시간의 흔적과 깊이를 느낄 수 있도록 설계 방향을 잡았다.

 선유도공원 설계에 있어서는 "구축하는 것만이 건축이 아니라 그것을 제거하는 것도 건축" [2]이라는 차별화된 전략을 실현시켰다. 선유도 기존 구조물은 정수장 시설로써, 그 하부에 여러 종류의 수조가 있었다. 건축가는 그 하부구조를 적극적으로 활용하여 새 시설물의 토대로 삼았다. 반면에 상부 구조물에 대해서는 조경과 주변 경관을 고려하여 철거할 구조물과 장소의 기억을 위해 남길 구조물

수생식물원 전경ⓒ김란수

시간의정원에 있는 물이 떨어지는 벽 ⓒ김란수

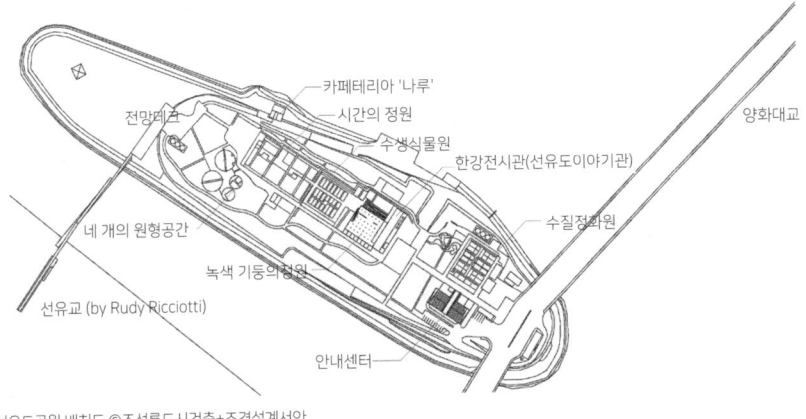

선유도공원 배치도 ⓒ조성룡도시건축+조경설계서안

을 선별했다. 따라서 기본적으로 남겨진 구조물들은 모두 이전 정수장의 콘크리트 수조이며, 이것의 물때 묻은 흔적을 보존하기 위해 페인트칠을 새로 하지 않았다. 이렇게 재활용된 구조물들에서 세월의 쌓인 층을 그대로 볼 수 있다. 남겨진 구조물들은 그 장소의 축적된 기억을 상기시키는 낡은 존재지만 이것들은 자연처럼 조성된 조경과 어우러지면서 새로운 생명력을 얻어 방문자들에게 색다른 볼거리를 제공한다.

선유도공원을 산책할 수 있는 여러갈래 길

선유도공원은 한강 가운데에 있는 섬들 중 하나로 합정동과 당산동을 잇는 양화대교의 중간지점에 있다. 양화대교 쪽 입구에서는 선유도공원의 정문이 있으며, 여기에서는 바로 선유도 안내센터로 보행로가 이어진다. 그 외에도 정문 반대편에서도 선유도공원으로 진입할 수 있는데, 양평동에서 성수하늘다리와 아치형의 보행자전용 육교인 선유교[3]를 걸어서 이 공원에 들어올 수도 있다.

선유교 전경, Rudy Ricciotti, 2002 ©Heeyoon Moon

선유교에서 본 전망데크 ©Heeyoon Moon

이 선유교는 목재로 마감되어 친환경적인 분위기를 내며, 야간조명이 설치되어 야간에는 한강 야경과 더불어 주변에 낭만적인 분위기를 준다. 선유교를 지나면 선유교 전망 데크가 넓게 펼쳐져 있다. 선유도공원의 정문이 있는 양화대교 방면에서 섬의 반대편 입구인 선유교 전망 데크까지 산책할 수 있는 길은 여러 갈래가 있다. 섬의 남서 측 외곽을 따라서 잔디와 나무가 있는 좁은 길로 갈 수도 있고, 섬의 북동 측의 외곽을 따라서 가면 선유정이라는 정자와 선유도 선착장을 거쳐서 카페테리아 '나루'로 갈 수도 있다. 사실, 선유도의 어느 시설에서나 길은 연결되어 있어서, 이곳을 한두 번 이상 와본 사람들은 자신들이 좋아하

수질정화원 풍경 ©김명규

는 경로를 선택하여 산책한다. 그 중에서도 특히 선유도 중앙 길 주변으로는 조경과 어우러진 구조물이 선유도공원의 특색을 잘 보여주기 때문에 많은 사람들이 중앙 길을 따라 배회한다. 정문에서 진입하면 수질 정화원, 한강전시관, 녹색 기둥의 정원, 수생식물원, 시간의정원, 선유마당과 환경놀이 마당, 그리고 카페테리아 나루 순으로 가볼 수 있다.

인공 정화시설에서 친환경 생태공원으로 변신

정문 근처의 수질 정화원은 기존 정수장의 제2 침전지 구조물을 개조하여 만들었다. 기존의 제2 침전지에서는 약품을 투여하여 오염된 한강 물에 있는 불순물을 인공적으로 가라앉히는 방법으로 물을 정화했다면, 새로 조성한 수질

경사광장에서 바라본 선유도이야기관 ©Heeyoon Moon

정화원에서는 각 수조마다 미나리, 부들, 갈대 등의 수생식물들을 넣어서, 이 식물들이 뿌리를 통해 물을 오염시키는 주요 유기물들을 흡착함으로써 물을 정화한다. 조경 설계가는 물이 여러 개의 계단식 수조의 수생식물들을 거치면서 자연 정화되는 체계를 만들었고, 여기서 자연친화적인 생태공원쪽으로서의 면모를 볼 수 있다.

"선유도이야기관"리고 개념된 이전의 한강 전시관 근처의 경사광장 양쪽에는 내후성 강판 벽이 진입 방향으로 서있다. 이 내후성 강판 벽은 새로 신설되었음에도 불구하고 그 녹슨 듯이 보이는 물성으로 인해 오래된 인상을 주며, 주위의 남겨진 구조물들과 비슷한 연배로 보인다. 선유도이야기관은 기존의 송수 펌프실을 개조한 건물이다. 송수 펌프실은 3층 규모로 지하에는 저수조와 펌프실이 있었다. 폭이 좁은 긴 장방형 구조물 외벽에 점토 벽돌과 적삼목을 덧입혔는데, 이 두 재료는 새로 입힌 것이지만 모두 자연친화적이어서 눈에 튀지 않는다. 친화적인 분위기로 리노베이션된 이 긴물은 주위의 낮은 구조물들과 주변의 정원

녹색기둥의 정원과 선유도이야기관 (구 한강전시장) ©김란수

풍경에 동화된다. 한강 전시관으로 있을 당시에는 지하 1층에 기존 정수장에서 사용하던 펌프 구조물을 주요 전시물로 활용하면서 한강의 역사, 환경, 생태, 생활 및 풍경 등을 전시했다. 지상 1층에는 로비, 사무실, 화장실이 있었으며, 많은 부분이 지하 1층으로 뚫려 있고, 그래서 쉽게 인지되는 계단을 통해 다른 층의 전시공간과 연결되어 있었다. 지상 2층 역시 1층으로 많은 면적이 뚫려 있어서 1층과의 소통이 좋으며, 중앙에는 전시기획실이 있었다. 그러나 선유도공원의 옥외공간이 짜임새 있고 다양하게 구성된 것에 비하면 한강 전시관의 전시 내용은 빈약했다. 이런 문제점으로 한강 전시관은 도시 재생과 재활용을 주제로 한 '선유도이야기관'으로 2013년에 재개관되었으나 외부 공원에 비하여 여전히 전시 이용률은 높지 않다. 특히, 식물들이 얼어죽는 겨울철에는 이용률이 매우 낮다. 선유도이야기관에서는 외부에서 보지 못한 공원의 전경을 내려다 볼 수 있다. 2층 북측에 있는 긴 창밖으로는 삼각산 풍경이 보이며, 1층에서는 전면 큰 창을 통해 녹색 기둥 정원이 내려다보인다.

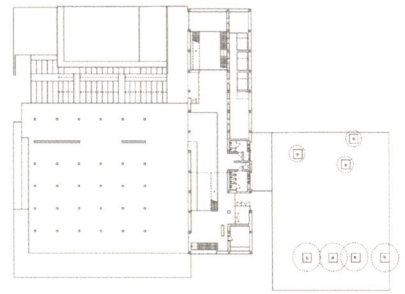

선유도이야기관 1층 평면도 ©조성룡 도시건축

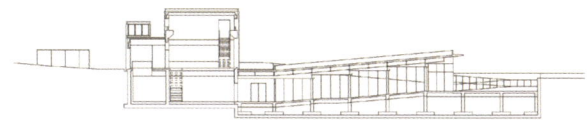

반지하의 계단식 강당이 보이는 선유도이야기관 단면도 ©조성룡 도시건축

정원에서 본 선유도이야기관 ©Heeyoon Moon

　한강 전시관 근처에 있는 녹색 기둥의 정원은 제1 정수지의 수조 덮개의 구조물을 철거하고 기둥만을 남겨 조성되었다. 설계자는 각각의 기둥 아래에 담쟁이를 심어 기둥들이 담쟁이로 뒤덮이도록 의도했다. 이때 기둥 상부는 구조물들이 철거될 때에 뜯겨나간 흔적을 고스란히 남겨서 이곳의 지난 모습을 상상할 수 있게 하였다. 기둥들만이 일정한 간격으로 남겨 있는 이 옥외공간에서는 고요한 질서가 느껴지며, 그래서 이 기둥 사이를 걸으며 여러 상상을 할 수

수생식물원 전경 ©Heeyoon Moon

있다. 각 기둥에는 야간조명이 설치되어 이곳의 야경은 낮과는 또 다른 분위기를 연출한다.

수생식물원은 기존 정수장의 제1 여과지 구조물의 지붕을 철거하고 그 구조를 네 개의 독립된 구조로 개조하여 사용했다. 이 구조물들에 각종 수생식물을 넣어 다양한 수생식물의 모습과 생장 과정을 가까이에서 관찰할 수 있게 했다. 습기가 많은 곳에 사는 습지 식물과 얕은 물가에 사는 정수 식물들은 주로 북쪽에 심었고, 물 위를 떠다니는 부유식물과 뿌리를 땅속에 두는 부엽식물, 그리고 물속에서 사는 수중식물들은 주로 남쪽에 놓았다. 수생식물원 주변과 사이 다리에는 간간이 계단이 있고, 그래서 여기로 산책하면 계단의 여러 다른 시점과 높이에서 이 옥외공간을 감상할 수 있다. 수생식물원에서의 물은 수로를 따라 시간의정원 상부 구조물에서 벽천을 타고 시간의정원으로 흐르고, 다시 이 물은 수생식물원으로 가는 순환체계를 이루고 있다.

시간의정원 입체구조물 ©김란수

시간의 흔적을 여러 형태로 드러낸 입체 구조물과 원형 구조물

시간의정원은 기존의 제1 침전지 구조물을 거의 살려 재활용했다. '시간의정원'이라는 이름은 영화 제목과도 같이 상상력을 일으킨다. 이 이름은 주제 정원들 중 기존 구조물을 가장 온전하게 남겨 그 안에 새로 심은 식물들과 조화를 이루며 지난 시간의 흔적을 더욱 생생하고 조화롭게 보여준다는 이유에서 붙여졌다. 시간의정원은 상부와 하부로 된 이중의 입체 동선 구조로 되어있다. 하부의 길은 중앙의 주 통로 이외에는 모두 좁은 산책로로 되어 있다. 이곳을 걷는 이들이 숲과 계곡 속에 있는 기분이 들도록 산책로 이외의 땅에는 교목, 관목, 초화류 등을 빼곡히 심었다. 침전지의 수로와 구조물을 재활용한 상부 구조에는 물길과 목재 마루 길을 두었다. 이 2층 높이의 마루 길에서는 지상에서 올라온 나뭇가지들과 잎들을 가까이에서 관찰할 수 있다. 시간의정원은 다시 작은 정원으로 나누어져서 각각 방향원, 덩굴원, 색채원, 소리의 정원, 이끼원, 고사리원, 푸른 숲의 정원, 초록벽의 정원 등의 조경 주제를 가지고 꾸며져 있다.

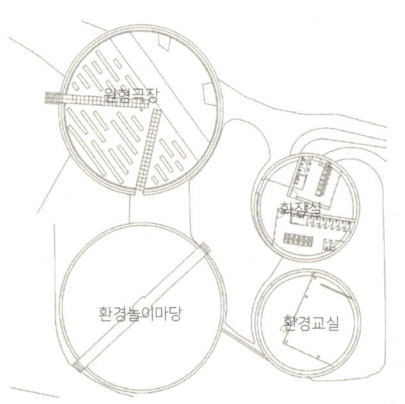
재활용된 네 개의 원형 구조물 ©조성룡도시건축

원형극장 스탠드와 그 위의 다리 ©Heeyoon Moon

환경놀이마당 ©Heeyoon Moon

환경교실과 화장실 원형 구조물 ©Heeyoon Moon

　시간의정원을 지나면 선유 마당 근처에 네 개의 원형 공간으로 이루어진 환경놀이 마당이 있다. 이 원형 공간은 원래는 정수과정에서 나온 찌꺼기를 재처리하는 농축조와 조정조 구조물이었다. 이 네 개 원형 구조물을 재활용하여 건축가는 그 안에 각각 크기에 맞게 원형극장, 환경놀이마당, 환경 교실, 화장실의 기능을 설계하여 각각 필요한 시설들을 덧붙였다. 원형극장에는 계단식 관람석과 무대를 새로 넣었고, 환경놀이마당에는 철거한 정수 배관을 활용하여 옥외 놀이터를 만들었다. 환경 교실은 원형 구조물 안에 어린이들이 체험 학습을 할 수 있는 옥외 데크와 교실 공간을 새로 만들었다. 나머지 원형 구조물 안에는 화장실을 넣었다.

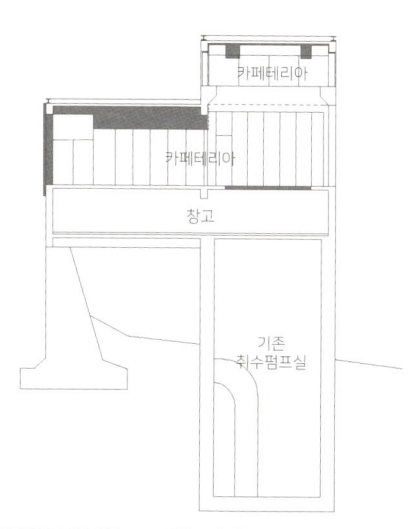
카페테리아 '나루' 단면도 ©조성룡 도시건축

카페테리아 '나루' 야간전경 ©김란수

한강의 흐르는 물이 주는 여유로움으로 안식을 느낄 수 있는 장소

　카페테리아 '나루'의 기존 구조물은 취수펌프장으로 한강의 물을 끌어올리는 기능을 했다. 이곳 내부에서는 한강 건너편의 풍경을 파노라마로 한눈에 볼 수 있다. 남산에서 삼각산까지 주변의 산들이 보이고, 하늘 모습을 반영하여 시시각각 변하는 한강의 모습을 바라보고 있으면 도시의 일상에서 벗어나 정신적으로 쉴 수 있는 여유를 갖게 된다. 카페테리아 나루의 외벽에 붙어 있는 담쟁이 넝쿨과 세 그루의 버드나무를 보존하기 위해 건축가는 외벽을 기존 그대로 남겨놓았다. 또한, 기존 건물을 보존한 채 유리벽을 설치하고, 외부공간에는 데크를 깔고 파라솔과 의자를 놓았다. 예전 것에 대한 추억과 그리움을 느낄 수 있도록 과거의 모습을 최대한 남겨놓기 위해 건축가와 조경가가 세심히 설계한 부분을 곳곳에서 발견할 수 있다. 낡은 구조물에 다양하고 푸르른 식물들이 풍부히 어우러져서 선유도공원의 지난 역사와 생태공원으로서의 현재 모습을 동시에 느낄 수 있다.

한강의 가을 풍경이 펼쳐지는 카페테리아 '나루' ©김명규

　한강으로 둘러싸인 선유도공원은 점차 시간이 지남에 따라 널리 알려졌고, 그래서 이 장소는 인근 주민뿐 아니라 서울시민의 공원이 되었다. 둔치의 주차장뿐 아니라 지하철 2호선과 9호선의 역이 근처에 있고, 버스의 정류소도 정문에 있어서 서울의 다른 곳에서도 방문하기 좋다. 이 공원은 아침부터 자정까지 무료로 개방되어서 늦은 저녁시간에도 부담 없이 산책할 수 있다. 선유교 전망 데크에서는 자생습초지와 초식동물 방목지를 내려다볼 수 있다. 이쪽 강변에는 강의 흐름이 느려지면서 퇴적물이 쌓이고, 정기적인 침수에 의해 강가의 습초지를 이루고 있다. 이 습초지의 생태를 보존하기 위해서 사람들의 접근을 통제했지만, 전망 데크에서 이곳을 내려다볼 수 있다. 이 전망 데크에서는 한강과 한강을 끼고 있는 서울의 도시풍경을 한눈에 조망할 수 있다. 옛 정수장의 구조물을 활용하여 물의 공간과 조경 공간을 다양하게 조성한 선유도공원은 한강 경치를 배경으로 한다. 이곳은 한강의 흐르는 물이 주는 여유로움을 자연스럽게 연장했고, 서울시민의 휴식과 재충전의 장소가 되었다. 남겨진 구조물들과

카페테리아 '나루'에서 본 한강의 가을풍경 ©Heeyoon Moon

선유도공원 전망데크 전경 ©Heeyoon Moon

새로 조성된 조경 그리고 새로 지어진 건축물들이 조화롭게 공존하기 위해서 신축된 축조물은 최대한 건축물 자체의 개성과 새것의 느낌을 자제했다. 선유도공원은 인공적인 도시공원임에도 불구하고 낡은 구조물들이 다양한 생태 식물들의 조경과 어우러져서 세월이 감에 따라 자연에 가까운 풍치를 보여준다.

선유봉(1742), 겸재정선, <양천팔경첩>, 김재년 소장품

선유봉에서 근대산업의 폐허, 그 이후 선유도공원

　선유도에는 선유봉이라 불리던 봉우리가 있었고, 이 선유봉은 겸재 정선의 진경산수화에 등장할 정도로 경치가 좋은 한강 팔경 중 하나였다고 한다. 그러나 일제강점기인 1920년에 대홍수가 있었고, 경성 일대를 물바다로 만들면서, 이에 대한 대처방안으로서 한강 양쪽 강변에 둔치인 제방을 축조했다. 그뒤에도 여의도에 경비행장과 김포 대지를 메우기 위해 많은 양의 골재가 필요했는데, 그곳에서 가까이에 있던 선유봉을 깎아 골재를 충당했다. 결국, 절경 중의 하나였던 선유봉이 일제강점기부터 골재 채취장이 되면서 아름답던 봉우리가 깎이고 낮은 섬이 되고 말았다. 게다가 1960년대 중반에는 양화대교가 이 섬을 관통하며 놓이게 되었고, 1970년대 후반에는 정수장 시설이 이곳에 대대적으로 들어서면서, 선유도의 이전의 유려한 모습은 완전히 사라졌다. 급속한 산업화의 부작용으로 한강의 수질이 악화되고, 더는 그 물을 그냥 사용할 수 없게 되자 선유정수장에서 한강 물을 직접 끌어올려 정수하여 서울시민에게 수돗물을 공급했다. 정수장은 일반인의 접근이 통제된 곳이었으므로 선유도는 사람들에게 잊혀진 장소가 되었다. 그러나 2000년에 정수장을 다른 곳으로 이전하면서 서울시는 선유도를 생태공원으로 바꾸기로 했다. 서울시는 '새서울 우리한강 사업'의 일환으로 정수장 기능이 없어진 선유도를 2002년의 한일월드컵 경기 개막에 맞춰서 환경친화적 공원으로 조성한다는 취지로 1999년 '선유도공원화사업 현상설계'를 공모했다. 6개의 응모안 중에서 서안 컨소시움(조경설계서안+조성룡도시건축+다산컨설턴트)의 설계안이 당선되었다.

설계 조경설계서안+조성룡도시건축+다산컨설턴트
위치 서울특별시 영등포구 선유로 343
규모 지하 1층, 지상 3층

1) 조성룡 인터뷰, "시간의 흔적 간직하는 건축을" 중앙일보, 2003.06.15

2) 특집: "선유도공원," 건축문화 v.254 (2002-07), p.79

3) 선유교(The Footbridge of Peace)
   2002년에 완공된 선유교 (설계: 프랑스 건축가 Rudy Ricciotti)는 보행자 전용다리로서 특히 중앙의 아치 형태로 된 부분은 Ductal 재료로 시공되었다. Ductal은 1990년대 말에 프랑스에서 개발된 건설 재료로서 초경량이면서 인장강도가 우수해서 철근을 거의 필요로 하지 않는다. 따라서 얇고 가벼운 곡면 판을 만들 수 있는 장점이 있다. 선유교의 바닥판도 3cm로 시공되었다. (출처: Ricciotti, Rudy, "The footbridge of Peace," Concrete, 2002.11-12, v.36, n.10, pp.11-13)

북서울꿈의숲 아트센터 Dream Forest Arts Center

공공의 여백 '오픈 필드' Open Field

　'북서울꿈의숲'이 들어서면서 이 일대의 도시 풍경이 많이 달라졌다. 이곳에서 시대 상황에 맞추어 변신하는 공원 모습을 볼 수 있다. 서울시는 강북 지역에서는 최대 규모의 녹지인 '북서울꿈의숲'을 2009년에 공공 공원으로 완공하였고, 이 공원은 강북 전체지역의 거주 환경을 간접적으로 개선하는 데에 기여했다.[1] 이 공원의 조경설계가인 최신현은 공모 당시 이것의 출품작 명을 '오픈 필드'로 하였고, '개방'이라고 덧붙여 놓았다. 그러나 설계자의 의도를 살펴본다면, 오픈 필드에서의 '오픈'은 개방 외에도 공공이라는 의미가 있다. 사전적으로는 이 '오픈 Open'의 의미는 '비어있는, 훤히 트인, 공공의'라는 복합적인 뜻이 있으며, 이런 의미들이 설계자가 의도한 오픈 필드의 개념에 부합된다. 오픈 필드는 도시적인 차원에서는 주거 건물들이 가득 차 있는 이 일대의 도시 공간에 여백과 같은 녹지공간을 누구에게나 제공하는 것을 의미한다. 또한 이 개념은 실제로 드림랜드가 철거된 자리에 대규모의 광장과 문화시설들을 구성해야 하는 설계 대상지에 대한 구체적인 설계 출발점이 되기도 한다. 오픈 필드 개념은 건물시설보다는 옥외공간과 경관 자체가 공원의 중심이 된다는 의미를 담고 있다.

　북서울꿈의숲 대지는 이전에 드림랜드가 있었던 대지와 그 양옆의 숲을 포함한다. 이 전체 대지는 1950년대까지는 한 덩어리의 수림 지역 이었으나, 그 이후

서울의 주요 공원 ⓒ북서울꿈의숲

북서울꿈의숲 아트센터 건물군 ⓒ김란수

에 주거 및 인프라 시설이 조금씩 들어서기 시작했다. 1989년에 드림랜드 놀이 시설이 이 숲의 중앙 부분에 대대적으로 들어서면서 전체 녹지를 양분했다. 그리고 2000년대에 드림랜드가 쇠퇴하면서 이 대지 전체가 방치되었다. 이 오픈 필드의 설계자는 드림랜드 시설이 철거되고 평평하게 포장된 인공지형의 빈터를 다시 자연에 가까운 녹지로 조성하여 양옆의 숲과 자연스럽게 연결하고, 그 대지

북서울꿈의숲의 테마공원과 주 접근로

의 자연적인 흐름을 복원하는 것을 의도했다. 그뿐 아니라 숲을 포함한 전체 대지로 주변으로부터의 접근을 활성화시키기 위해 여러 단계를 가진 공간 요소를 도입했다. 그는 공간 요소를 크기와 기능에 따라 경계부, 접속부, 결절부, 중심부로 나누어 배치했고, 아이디어 공모 안에서 제시했던 공원 안팎 어디서든 즐기고, 느끼고, 이용할 수 있다는 '경계의 확장' 개념을 반영했다.

설계가는 경계 확장의 세부 분류를 'S, M, L, XL' 체계로 설명했는데, 이것은 렘 콜하스$^{Rem\ Koolhaas,\ 1944-}$가 제시한 대도시 오피스 건축의 사이즈 개념[2]을 연상시킨다. 그는 이런 단계별 사이즈 개념을 옥외 대지에 응용한 것으로 보인다. 공원 경계부에는 작은 크기의 포켓파크, ID 플라자, 쌈지마당, 가로공원 등을 곳곳에 만들고, 이런 시설들이 주민들의 생활 공원이 되도록 주위의 아파트와 도로 등 여러 곳에서 쉽게 접근하도록 설계했다. 연결 다리를 제외하고도 현재 공원 외곽을 돌아가며 17개의 출입구가 있으며, 이 출입구들은 공원 내부로 연결된다. 접속부에는 중간 크기의 배드민턴장, 체력단련장 등이 기존 산책로에 연계되어 신설되거나 개조되었다. 결절부에는 공원 이용 프로그램의 핵심공간인 규모가 큰 이벤트플라자, 아트갤러리 등의 문화시설을 설계했다. 그리고 공원 중앙에는 이벤트와 축제 등의 대규모 옥외활동이 가능하도록 대형 크기의 비워진 공간$^{X-Large\ Field}$이 조성되었다.

북서울꿈의숲 공사 전의 모습 (오현로 부근) ⓒ씨토포스

북서울꿈의숲 현재 모습 (오현로 부근) ⓒ김란수

 전체 대지는 크게 네 개의 테마 공간으로 나뉘며, 여기에는 오픈 필드, 경관 숲 A와 경관숲 B, 그리고 단풍 숲이 있다. 오픈 필드의 남쪽에 있는 경관숲 A 와 북쪽에 있는 경관숲 B는 이전부터 있었던 수림지대로서 자연환경과 경관이 좋았다. 이런 수려한 자연림을 도시 주민이 누릴 수 있도록 경관숲 A의 경계부에는 작은 가로 공원을 만들고, 숲 안의 접속부에는 중간 크기의 숲 속 휴게소,

배드민턴장, 체력단련장을 새로 만들거나 개조했다. 경관숲 B에도 중간 크기의 접속 공간을 정비하거나 새로 만들었는데, 여기에는 숲 속 휴게소, 배드민턴장, 체력단련장 외에도 잔디 휴게 마당과 어린이 놀이터를 두었다. 단풍 숲으로 이름 붙여진 지역에는 수림 보호의 가치가 낮은 아카시아나무와 헌사시나무를 제거한 후에 단풍나무 종류를 심어 예전 경관을 복원했다. 그리고 이 지역의 미관에 악영향을 준 노후화된 시설들, 불법 농작지, 무허가 주택지 등을 철거하고, 휴식, 여가, 운동을 할 수 있는 중간 크기의 접속 공간을 만들었다.

  4개의 테마 공간 중에서도 설계자는 전체 대지의 중심에 있는 오픈 필드의 대지에 대규모 광장과 문화시설들을 배치했다. 공모전에서나 본격적인 설계 당시에도 공원 내 건축 프로그램에 대한 구체적인 지침을 받지 못했기 때문에 공원 설계자가 주변의 강북시민들이 자주 이용할 만한 프로그램들과 시설들을 제안하는 식으로 설계가 진행되었다. 설계 당시에 필요한 기능을 정확히 파악할 수 없었고, 또 이전에 있었던 드림랜드와 같이 고정된 시설 중심으로 된 공원은 효용 가치가 없어졌을 때 이것을 재생하기 어려운 폐해를 반복하지 않기 위해서 기획 단계에서 전략이 필요했다. 앞으로의 요구에 대응할 수 있는 도시 공원으로서 유연히 대처하기 위해서 설계자는 '건물이 아닌 옥외공간과 경관이 주가 되는 오픈 필드'의 개념을 제시했다. 설계자는 녹지 위주로 된 예전의 자연 흐름을 복원하는 목표를 세웠고, 이 자연 흐름이 이어지도록 테마를 가진 옥외공간들을 연속해서 구성했다. 이런 옥외공간들의 연속성이 끊어지지 않도록 하면서 이 옥외공간에 연계된 실내 건물들이나 이동 동선을 위한 구축물들은 연속된 옥외공간들 주위에 배치했다. 설계자는 대상지 전체를 관통하며 흐르는 물의 요소를 공원의 주요한 경관 요소가 되게 함과 동시에 미래에 지어질 특색 있는 공간들과 같이 엮을 수 있는 매개체로 설정했다. 물과 연관된 특색 있는 공간들로는 월영지(호수), 월광폭포, 칠폭지(일곱 개의 이어지는 폭포), 애월정(정자), 경석교, 창포원, 물놀이장, 거울못, 점핑 분수 등이 있다.

지방문화재인 창녕위궁재사 ⓒ김란수

연속된 옥외공간들로 구성된 오픈 필드

북서울꿈의숲으로 들어가려면 진입은 크게 동편의 월계로와 서편의 오현로에서 진입할 수 있다. 동편의 월계로 가까이에 대형 방문자 주차장과 방문자 센터가 있어서 이곳을 정문으로 볼 수 있다. 오픈 필드 안에서는 옥외공간이 이어지면서 연속적으로 배치되어 있어서 방문객들은 산책하며 한 공간에서 다음 공간으로 자연스럽게 이동한다. 오픈 필드 안에서의 외부공간을 크게 세 부분으로 나누어서 그 특색을 살펴볼 수 있다.

첫째로, 방문자 센터를 지나면 이야기 정원과 지방문화재인 창녕위궁재사(등록문화재 제40호)와 그 주위를 복원한 한국식 정원이 있고, 서쪽으로 더 올라가면 넓은 연못인 월영지가 나타난다. 이곳은 전통 옥외공간 분위기를 내는 월광대, 월령대 등으로 한국식 조망과 휴게 공간을 제공하는 수변 공원이다. 이같이 북서울 꿈의 숲 공원 내에는 한국 전통 양식의 건물과 현대 건축물이 뒤섞여 있어서 건축양식에 대한 일관성이 없고, 그래서 이 부근에서는 건축적인 정

월광대(누각)와 월광폭포가 있는 월영지 ©김란수

체성도 찾기 힘들다. 방문자들은 소비자로서 각양각색의 시설들을 이용하겠지만, 이 공원 안에서 건축적으로 좀 더 의미 있는 경험을 원한다면 아트센터 건물군이 모여 있는 곳으로 가보길 추천한다.

둘째로, 오픈 필드의 대표적인 대형 크기의 비워진 공간$^{\text{X-Large Field}}$인 청운답원과 인공습지인 창포원이 나타난다. 청운답원은 넓은 잔디광장으로 대규모의 옥외 체험 활동을 수용할 수 있으며, 주변에는 물놀이장과 미술관이 있다. 창포원은 상부 골짜기에 흐르는 시냇물을 유입하여 하류 시냇물로 내보내는 인공습지로서 여기에 채운 물을 정화하기 위해 꽃창포를 심었다. 창포원을 끼고 초승달 형태의 글래스 파빌리온이 있으며, 이 건물은 가파른 경사 지형 차를 활용한 지중 건축물이다. 이 건물은 지하 1층, 지상 1층으로서 각 층에 카페테리아와 레스토랑이 있다. 이 건물은 정면 한 면만을 외기에 접하는데, 이 부분 전체가 남동향의 유리 커튼월로 되어 있어서 창포원과 초대형의 비워진 공간인 청운답원의 넓게 트인 풍광을 내부에서도 관망할 수 있다.

글라스파빌리온과 그 앞의 연못인 창포원 ⓒ김란수

　셋째로, 글래스 파빌리온 뒤편으로 문화광장(진입광장)이 있다. 이 문화광장은 서편의 오현로와 바로 연결되는 진입 광장의 역할을 하면서 동시에 아트센터 건물군이 시작되는 전정 공간이기도 하다. 이곳은 다른 옥외공간과는 다르게 석재로 포장되어 있으며, 전체 공원 내에서 자연 공간이 아닌 도시적인 옥외 분위기를 보여준다. 이곳에는 원형의 볼^{bowl} 플라자, 점핑 분수, 거울 못, 소규모의 야외 공연장 등이 있어서 소규모의 다양한 문화 이벤트와 체험행사를 할 수 있다.

경사 지형에 안착한 랜드스케이프 건축

건축가 박유진과 시간건축은 이전에 드림랜드 눈썰매장으로 쓰였던 급경사지에 전시장, 다목적 홀, 2개의 소공연장, 레스토랑, 전망대 등이 들어간 복합문화예술 공간인 아트센터 건물군을 경사 지형을 활용하여 설계했다. 진입 광장에서 전망대에 이르기까지 이곳의 지표면들은 변화가 많은 굴곡으로 되어 있었고, 건축가는 각각의 건축물들을 그 지형에 순응하는 형태와 방향으로 놓았다. 건축가는 이전에 눈썰매장을 만들면서 훼손된 지형을 다시 복원하려는 의도를 가지고 아트센터 건물군을 위한 테라스를 원래 지형이 생긴 모습에 가깝게 층층이 만들고 그 위에 건물들을 앉혔다. 그러나 건축가는 이곳 지반이 단단해서 대지에 더 깊숙이 박힌 형태의 건물을 만들지 못한 것을 아쉬워했다. 이렇게 건물이 앉혀지는 대지와 그 주변의 지형과 환경을 반영하여 설계한 건축물을 '랜드스케이프 건축'landscape architecture이라 한다. 랜드스케이프는 사전적 의미로는 경관이나 풍경을 뜻하며, 여기에는 자연적 요소와 인공적 요소가 모두 포함된다. 랜드스케이프 건축이 일반 건축과 다른 점은 건축물을 배경과 분리된 하나의 오브제로서 보지 않고, 그 건물 주변의 복잡하게 얽힌 도시 상황이나 자연의 일부로서 본다는 것이다. 랜드스케이프 건축은 대지와 분리될 수 없는 형태를 취함으로써 건축물과 주위 대지와의 경계를 모호하게한다. 아트센터 건물들 역시 밑에서 위로 올라가는 방향으로 다목적 홀, 퍼포먼스 홀, 콘서트홀, 전망대가 마치 산의 능선처럼 세로축을 이루며 자연 지형에 융합된 형태를 취하고 있다. 이런 일체화된 형태를 만들기 위하여 이곳 건축가는 공연장 단면을 도심지에 있는 일반 공연장의 단면 형태와는 다르게 설계했다. 건물들로 이어진 축의 절정에는 전망대를 놓아 시각적으로 건물 군이 만든 능선이 산꼭대기로 향하도록 했다.

다목적 홀과 퍼포먼스 홀, 콘서트홀은 분리된 건물임에도 불구하고 모든 건물은 평평한 테라스가 있는 기단 형태이며, 그 옆으로 넓은 폭의 계단이 연속적으로 놓여있다. 건축가는 각 건물의 상부에 비슷하게 생긴 옥상정원을 두었고, 건물 외

랜드스케이프 건축 개념을 보여주는 아트센터의 스케치 ⓒ시간건축

다목적 홀과 문화센터 (퍼포먼스 홀과 콘서트 홀) 입면도 ⓒ시간건축

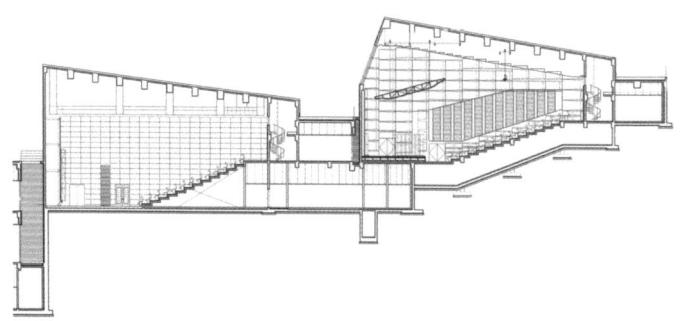
문화센터 (퍼포먼스 홀과 콘서트 홀) 단면도 ⓒ시간건축

다목적홀에서 전망대까지 이어지는 아트센터 건물군 ©김란수   　다목적홀 내부의 보이드 공간과 고측창 ©김란수

부 마감 역시 징크 패널, 무기질섬유^{FC}패널, 목재 등 '땅과 일체감을 유지할 수 있는 질감'[3)]을 가진 건축 재료를 택했다. 건축가는 주변 자연과의 일체화를 고려하여 절제된 질감의 재료와 색상을 통일성 있게 선택한 반면에 건물의 형태는 좀 더 다양하고 과격하게 표현했다. 주축에서 직각 방향으로 뻗어 있는 전시장(드림갤러리)과 반쪽 도넛형 레스토랑의 매스 역시 공연장과 같은 외부 마감으로 되어 있다. 이 두 건물은 다목적 홀 매스처럼 필로티 위에 놓여서 각각의 매스 형태를 분명히 드러내는데, 제각각의 방향으로 뻗어 나간 매스의 형상으로 인하여 전체 형태는 역동적으로 보인다. 특히 다목적 홀 매스는 정면 1층 공간에 기둥이 없는 캔틸레버 구조이며, 2층 전면 전체가 유리 커튼월로서 앞으로 뻗은 형태를 취하고 있다. 이런 모습이 아트센터의 건물군 전체의 얼굴처럼 보인다. 전망대가 용의 솟아 있는 꼬리처럼, 퍼포먼스 홀과 콘서트홀 건물은 용의 몸처럼, 전시장 건물과 레스토랑 건물은 용의 양 다리처럼 보인다. 한마디로 경사지에 안착된 전체 건물 형태가 마치 살아 꿈틀대는 한 마리의 용의 모습처럼 느껴진다.

전망대 입구로 가는
외부 경사형 승강기와 계단길
ⓒ김란수

    건축가는 필로티로 들어 올린 다목적 홀 건물의 전면에 대형 유리 커튼월을 썼다. 또한 레스토랑 건물에는 가로로 이어지는 유리창을 둠으로써 두 건물의 내부에서 넓게 펼쳐진 조망을 확보했다. 랜드스케이프 건축에서는 건물의 형태 뿐 아니라 공간 구분에 있어서도 천창이나 커튼월로 된 보이드 공간을 삽입하거나 반외부공간을 두는 등 그 주변과의 유기적인 결합을 염두에 둔다. 이런 방법을 통해서 건물 내부와 외부공간의 구분이 모호하게 되고 결과적으로 건물 내부에서도 주변 환경과 연결된 랜드스케이프 분위기를 연장할 수 있다. 이곳 아트센터의 다목적 홀과 퍼포먼스 홀, 콘서트홀 역시 상부 층의 지붕을 활용하여 옥상정원을 만들어서 외부에서 볼 때에 자연 지형과의 일체감을 주는 데에는 어느 정도 효과를 거두었다. 그러나 선불의 옥상 정원들이 인접한 내부 주요 공간과 바로 연결되지 않는 점은 아쉬운 부분이다. 다목적 홀에서 전망대까지 가기 위해서는 건물 사이 통로가 내부에서 모두 연결되지 않아서 옥외로 나가야 하는 번거로움이 있다. 따라서 비가 오거나 날씨가 나쁜 경우에는 정상에 있는 전망대의 이용률이 떨어질 것으로 예상된다. 관련 있는 건물들이 여러 채로 나눠져 있을 경우에는 날씨 변화가 심한 우리나라의 기후 조건을 고려하여 캐노피, 필로티, 브리지, 테라스 등 지붕이 있는 반외부공간 요소를 활용한 연속적인 공간 연결 방법을 적극적으로 적용하여 설계할 필요가 있다.

전망대 외관 ©김란수

전망대의 새로운 유형

　이곳의 전망대는 북서울꿈의숲 전체에서 가장 높은 곳에 있고, 이 숲의 정상을 대표하는 상징 구조물이지만 남산타워와 같은 기존 전망대 유형과는 다르게 생겼다. 기존 타워들처럼 산 정상에서 높이 솟아 있지도 않고, 건물 자체도 크지 않다. 전망대는 주변 환경을 압도하지 않으면서도 굽이쳐 올라가는 경사 지형의 흐름을 반영하며 절정을 상징하는 요소로서 그 역할을 하고 있다. 건물군의 외벽 재료와 디테일이 통일되어 있음에도 불구하고, 건물이 구성된 전체 형태는 산의 지형을 따라 변화하며 역동적으로 정점을 향해 뻗어 있는 모습이다. 축의 최종 정점인 전망대 건물은 대지에 일부분은 묻히면서 비스듬한 상태로 하

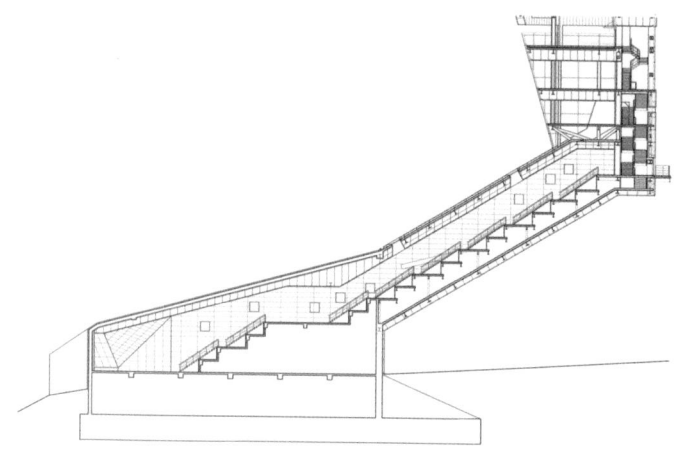

전망대 단면도 ⓒ시간건축

늘을 향해 뻗어 있다. 허공을 향해 솟아 있는 사선 형태를 보여주기 위해 건축가는 기둥이 없는 캔틸레버 구조 끝에 전망대 매스를 매달았다. 복합건물들 최종 정점에 해당되는 전망대 매스를 산의 정상에서 살짝 비켜서 있게 함으로써 산 꼭대기를 가리지 않았다. 그래서 사람들은 전망대 매스의 방해를 거의 받지 않으면서 산 전체 윤곽을 볼 수 있다. 또한 전망대 내부에서도 공원 전체와 서울 외곽의 경관 뿐 아니라 기존의 타워 유형과는 다르게 산의 정점 자체도 조망할 수 있다.

북서울꿈의숲에서는 조명과 설비외 같은 기술 부분도 공간 테마와 이벤트 설계 시에 반영되었다. 야간 이용을 활성화하기 위해 옥외공간별 경관조명 연출 계획이 이루어졌다. 예를 들자면, 오픈 필드는 '초목의 싱그러움'을 주제로 수목과 조형물을 전체적으로 부드럽게 보이게 하는 조명 설계를 했다. 이야기 정원은 '옛 기억을 되살리고 오늘을 기억한다'라는 주제 하에 한국 전통에 어울리는 조명과 계절별로 달라지는 역동적인 경관조명이 대조를 이룬다. 문화광장에는 '화합의 장'이라는 주제로 다양한 이벤트를 비추는 무대조명 설비를 갖추고 있다. 설비적인 측면에 있어서도 수공간의 연계와 분수를 위한 시설을 갖추었다. 그뿐

전망대 최상층에서 펼쳐지는
강북의 도시와 산 풍경 ⓒ김란수

전망대 건물 안의 경사 엘리베이터와 계단
ⓒ김란수

아니라, 콘서트홀 입구에서 전망대 입구까지의 경사지를 오르는 외부 경사형 승강기와 대지에서 비스듬한 상태로 하늘을 향해 뻗어 있는 전망대 매스 안의 내부 경사형 승강기도 다른 공원에서는 볼 수 없는 특이한 시설이다. 이런 하드웨어적인 건물과 인프라가 갖추어진 이후에는 사실상 대중적인 이용률의 성패는 소프트웨어적인 프로그램 운영에 달려있다. 전시장, 다목적 홀, 두 개의 소공연장, 레스토랑, 전망대 등이 들어간 복합 문화예술 공간인 아트센터는 세종문화회관에서 총괄적으로 운영했고, 개관 때부터 현재에까지 다양한 프로그램들을 지역주민에게 제공하며 높은 이용률을 유지하고 있다.

전망대에서 바라본
오픈필드 전경 ⓒ김란수

땅의 과거를 추억하는 공원 명칭

서울시는 이 공원의 명칭을 공모했다. 여기에서 가장 많이 득표한 명칭은 '서울드림파크'(30.1%) 였으며, '열린숲'(17.8%), '꿈누리공원'(11.2%) 등도 있었다. 그러나 '드림파크'라는 명칭이 외국어여서 한국적인 이름으로 재선정하게 되었다. 네이밍 개발 전문기관의 용역과 전문가의 자문 등을 거쳐 최종적으로는 '북서울꿈의숲'으로 결정되었다. 이 명칭은 '서울의 북쪽 지역'에 있는 대표 공원이라는 의미와 놀이시설이었던 '드림'랜드가 '숲'으로 재구성되었다는 의미를 내포하고 있다. 이와같이 공원의 명칭에서는 그 땅의 누적된 층^{layer}이 쌓인 구축적 지층^{strata}을 상기시키는 단어가 들어가 있다. 그러나 실제로 새로 조성된 공원 안에는 그 전에 있었던 드림랜드에 대한 과거를 추억할 수 있는 어떤 놀이기구나 구축물도 남아있지 않다. 북서울꿈의숲 조경설계자는 드림랜드 시설 이전에 있었던 본 대지의 원형을 복원하고자 자연에 가까운 녹지를 목표로 했다. 그들은 오픈 필드 양옆 숲을 자연스럽게 연결하려고 건물보다는 옥외 공간 자체가 주가 되도록 의도했다. 그러나 이 대지에서 본래의 자연에서 오동근린공원으로, 또 드림랜드를 거쳐서 북서울꿈의숲으로 변신한 물리적인 실제 흔적을 현재에 찾아 볼 수 없다는 것은 여전히 아쉬운 부분이다.

오동근린공원에서 드림랜드, 그리고 북서울꿈의숲

'북서울꿈의숲'이 있는 대지는 1987년에는 '오동근린공원'으로 지정되었고, 1989년에는 이 공원 남쪽 33만㎡의 대지에 '드림랜드'라는 테마파크가 조성되었다. 이 드림랜드는 강북 지역에서 최대의 가족 놀이시설로서 십여 년간 잘 이용되었으나, 2000년 이후에는 이용객이 적어지고, 소유주의 재정난으로 관리가 제대로 이루어지지 못했다. 또한 드림랜드 주변 벽오산 일대의 숲속에는 체육시설들이 무질서하게 난립하고, 불법 점유한 조잡한 시설들과 낡은 가옥들이 점점 늘고 있었다. 이에 서울시는 방치된 드림랜드 대지에다 그 일대의 인근 지역을 더 포함시켜서, 결국 드림랜드 대지의 두 배에 해당하는 66만m²의 대지를 매입했고, 이곳에 시민이 무료로 이용할 수 있는 공공 대형 녹지공원을 조성하기로 2007년에 발표했다. 서울시는 이미 이 일대의 낙후된 거주 지역을 개선하기 위해 2002년에서 2009년까지 길음 뉴타운, 2005년에서 2012년까지 미아 뉴타운, 2009년에서 2016년까지 장위 뉴타운의 건설을 추진 중이었다. 따라서 대규모의 거주 인구가 꾸준히 늘어날 추세에 있었고, 유입되는 지역주민들은 계속적으로 살기 좋은 거주 환경을 위한 도시의 제반 시설을 요구했다. 이곳에 기본 인프라, 녹지, 복합 문화시설 등 주민들의 복합적인 요구사항을 담기 위한 시설을 제공할 수 있도록 계획했다. 서울시는 북서울꿈의숲 조성에 대한 기본 개념을 설정하고자 2007에 "강북 대형공원 조성 시민고객 및 전문가 아이디어 공모"를 했다. 전문가 아이디어 안 공모에 제출한 13점 중에 홍익대학교 도시공학과 학생인 김수용, 김상현, 장유경이 공동 출품한 'Expansion of Land'가 최우수작으로 선정되었다. 이 Expansion of Land는 '확장'을 기본 개념으로 하여 세부적으로는 기능의 확장, 경계의 확장, 공간의 확장으로 나누어진다. 기능의 확장이란 공원의 기능을 산책 등의 휴식에서 활동과 생산도 이루어지는 장소로 확대하는 것을 의미한다. 경계의 확장이란 공원의 주출입구뿐 아니라 공원의 어디서든 즐기고, 느끼고, 이용할 수 있는 공간을 조성한다는 것이다. 공간의 확장이란 땅과 물이라는 요소에 하늘이라는 제3의 레이어layer를 도입하여 공원 이용객들이 새로운 공간감을 확장하여 경험할 수 있도록 한다는 의미이다. 서울시는 이 아이디어 공모전에서 선정된 안을 기본적으로 참조할 수 있는 발간집을 냈고, 2008년에 '강북 대형공원조성 마스터플랜 국제현상공모'를 시행했다. 이 공모전에는 14개 그룹과 외국의 15개 업체를 포함하여 43개 업체가 참여했고, 최종적으로 국내의 (주)씨토포스와 (주)시간건축사무소 그리고 미국의 IMA Design이 컨소시엄을 구성하여 응모한 작품인 '오픈 필드 Open Field'가 당선되었다.

설계 최신현 / 씨토포스 + 박유진 / 시간건축
위치 서울특별시 강북구 월계로 173

1) 이 북서울꿈의 숲을 중심으로 반경 5km이내에 강북구, 도봉구, 노원구, 성북구, 동대문구, 중랑구가 접하고 있으며, 이 여섯 구의 인구를 합하면 250만 명이 넘는다고 한다. 서울의 대형공원은 월드컵 공원, 보라매공원, 남산공원, 올림픽 공원 등으로 남산의 남쪽에 있는 반면에 서울의 강북 특히 동북부 일대에는 주거 밀집지역이면서도 녹지 공원이 거의 없는 황량한 분위기였다. 따라서 '북서울꿈의숲'의 완공은 녹지와 복합 문화시설 등 강북 주민들의 복합적인 요구사항을 담는 기본 인프라로서 주거기반 환경을 개선하는데에 크게 기여했다.

2) Rem Koolhaas, Bruce Mau, and Sigler, Jennifer, Small, medium, large, extra-large: Office for Metropolitan Architecture, The Monacelli Press, 1998.

3) 박유진, "풍경 속 개체로서의 건축," PLUS 2009.12, p.84

서울어린이대공원 꿈마루
Kkummaru, Seoul Children's Grand Park

꿈마루의 비평적, 실증적, 과정적, 낭만적 복원 양상

낡은 건물을 수선하는 방법으로는 보존, 복원, 복구, 리모델링 등이 있다. 건축에 있어서 '보존'conservation, 保存이 역사적인 건물을 처음 지어진 원형으로 유지하기 위한 소극적인 행위라면, '복원'restoration, 復元은 역사적인 건물에서 훼손된 부분을 그 상태 그대로 두는 소극적인 태도에서 현재성을 반영하는 새로운 부분을 삽입하는 적극적인 행위까지 폭넓게 포괄한다. 복구rehabilitation, 復舊는 재해로 인해 소실된 건물을 비교적 융통성 있게 재건하는 행위로서 그 대상이 반드시 역사적으로 가치 있는 건물이 아닐 수도 있다. 리모델링remodeling은 건물의 역사적인 가치보다는 현재의 효용성 증대를 우선시한다. 따라서 리모델링은 기본 골조를 유지 또는 보완하면서도 건물의 외관, 시설, 공간의 기능 등을 현재적 가치라는 입장에서 포괄적으로 개선하여 건축물의 물리적, 사회적 수명을 연장하는 데에 그 목적이 있다. 위와 같이 건물 수선과 복원에 대한 용어 의미에서 볼 때 건축가가 꿈마루 건축물을 수선하기 위해 선택한 방법은 '복원'에 해당된다. 역사적 건축물의 복원에 대해 좀 더 자세히 분류한 기준을 적용해 보자면, 꿈마루는 포괄적으로는 비평적 복원에 해당된다고 할 수 있다. 그러나 꿈마루 건물을 복원하는 과정을 분석해 보면, 부분적으로는 실증적 복원, 과정적 복원, 낭만적 복원의 양상[1]도 엿볼 수 있다.

과거 어린이대공원 교양관 모습 ⓒ최춘웅

현재 꿈마루 입구 모습 ⓒ김란수

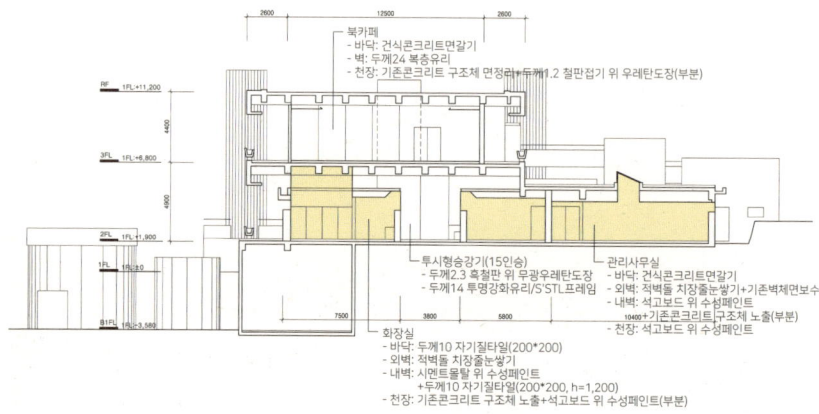

꿈마루 단면 상세도 ⓒ조성룡도시건축

    2010년에 어린이대공원 교양관 건물에 대한 신축을 검토해달라는 요청을 받은 건축가 조성룡은 이 건물이 한국 근현대 건축물을 다수 설계한 건축가 나상진[1923–1973]의 작품인 서울컨트리클럽하우스[1970]였던 것을 발견했다. 1973년에 이 건축물은 어린이대공원의 관리사무소 및 편의시설 공간인 교양관으로 리모델링되어 37년간 어린이대공원의 여러 이벤트를 위한 장소로 쓰이면서 점점 본래의 모습을 잃었다. 이 건물을 행사에 적합한 공간으로 활용하기 위해 주최 측은 여기에 지붕을 덮거나 벽체를 추가하고, 곳곳에 덕지덕지 덧대어 페인트 칠하였다. 이런 식으로 오랜 세월에 걸쳐서 훼손된 건물에 대해 먼저 조성룡은 1960년대 공간지에 소개된 서울컨트리클럽하우스의 도면, 스케치, 사진 자료를 근거로 본래에 지어졌던 건물의 원형이 드러나도록 하는 원칙을 세웠다. 이런 점에서 건축가가 세운 복원의 첫 단계는 '실증적 복원'에 해당한다. 건축가는 이 자료에서 건물의 북쪽 면을 제외한 세 면이 거의 모든 외벽이 유리로 되어 있음을 발견했고, 그래서 건축 당시의 기존 콘크리트 구조물과 무관하게 나중에 덧붙여진 단열재, 스터코, 합판 등의 벽체들을 제거했다. 그뿐만 아니라 어린이대공원 시절에 당시 필요에 따라 여러 번 덧칠해진 페인트와 몰탈 벽면

이전의 1층 로비 공간을 창틀로 구획된 반 외부 공간으로 복원한 모습 ⓒ김란수

도 대부분 제거했다. 도장만을 제거하는 데에 7천만 원이라는 비용이 들었다고 하니, 그동안에 페인트칠로 훼손된 부분이 많았다는 것을 짐작할 수 있다.

'과정적 복원'에서는 역사적으로 의미 있는 건축물을 부각하기 위해 그 주변에 있는 상대적으로 덜 중요한 건물들을 철거하여 비어있는 공간을 둔다. 꿈마루 설계에서도 건축가는 서울컨트리클럽하우스의 기본 골조미를 드러내기 위해 덜 중요한 부분을 제거하고 내부의 일부 공간을 비어있는 반외부공간으로 바꾸었다. 그는 당초 클럽하우스의 로비 공간이었던 부분에서 외벽과 유리벽을 제거하고 보 부분만을 남겨 이곳을 반 외부 공간으로 조성했다. 그리고 1층의 로비 공간에서 원래 서울컨트리클럽하우스의 유리 외벽이 있던 자리를 암시하기 위해 금속 창틀을 설치했다. 이곳은 실상은 벽면이 없는 반외부공간이지만, 이런 창틀로 인하여 예전의 로비 부분을 짐작할 수 있다. 또한 서울컨트리클럽하우스의 라커룸으로 쓰였던 공간의 상판을 제거하여 피크닉 정원으로 꾸몄다.

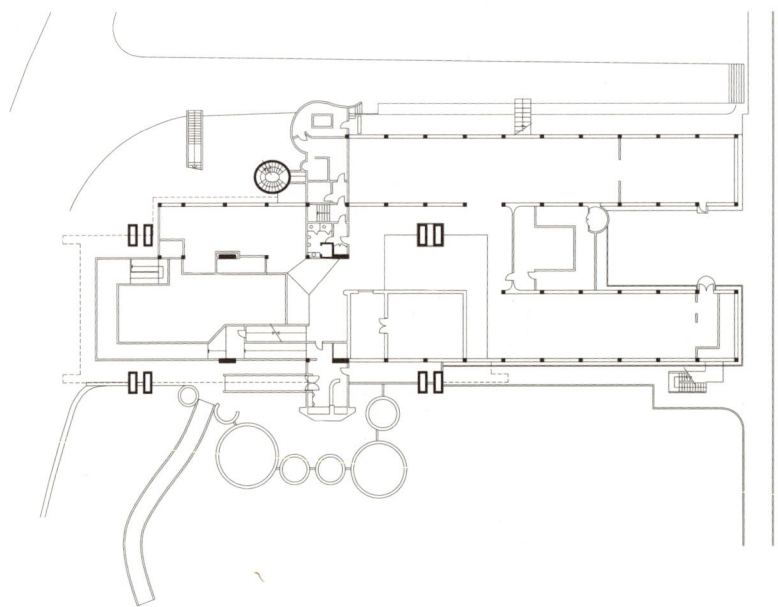

어린이대공원 교양관 2층 평면도(변경 전) ⓒ조성룡도시건축

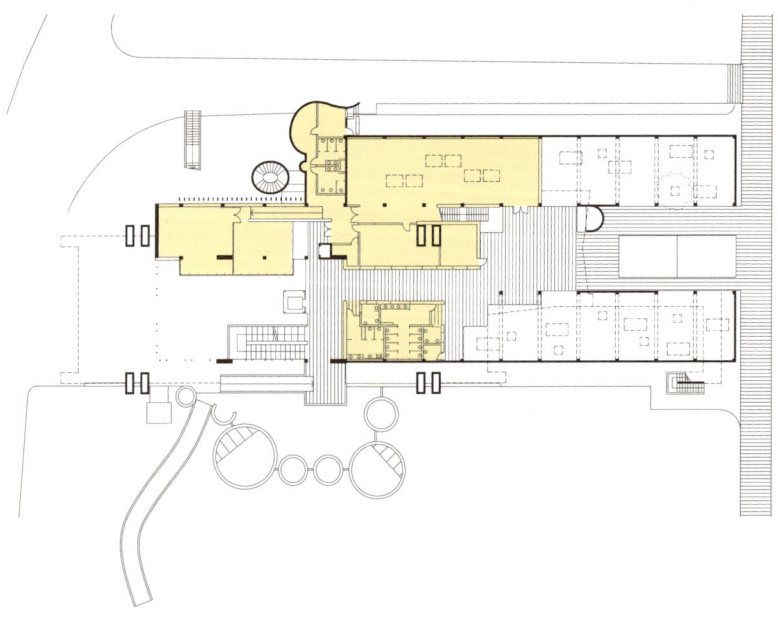

꿈마루 2층 평면도(변경 후) ⓒ조성룡도시건축

기존 골조를 활용한 정원 파고라와 신설된 연못 ©김란수

피크닉 정원에는 작은 연못을 중앙에 새로 만들고, 건물 전면의 양편으로 넓게 나무 데크를 깔고, 피크닉 테이블을 놓아 공원이용객들이 편안히 쉴 수 있는 옥외공간을 두었다. 3층에서도 일부분 바닥 슬래브를 걷어내고, 또 일부분은 반외부공간으로 만들었다. 건축가는 서울컨트리클럽하우스에서 쓰였던 내부공간에서 일부 기능을 제거하여 옥외공간화함으로써 외부와 내부가 유동적으로 결합하여 주변 환경과 자연스럽게 어울리도록 했다. 결과적으로 빈 공간[2]을 여유 있게 두어 본래 건물의 골조미를 충분히 감상할 수 있게 되었다.

꿈마루 완공이후의 정면 모습 ⓒ김명규

낭만적 복원과 멋있게 늙어가기

　꿈마루 복원 설계에서 건축가가 기존 구조물에서 철거하고 남아있는 부분의 디테일에서 대해 취했던 태도는 '낭만적 복원'의 특징을 보여준다. 낭만적 복원의 관점은 역사적 기념물에서의 원래 가치와 연륜을 존중하는 것이며 따라서 인위적으로 새롭게 변형하기보다는 천천히 소멸하는 모습에 큰 의미를 둔다. 조성룡과 함께 꿈마루 대수선 계획에 참여한 최충웅은 꿈마루 복원 설계에 대한 글의 제목을 '멋있게 늙어가기'로 했는데, 이런 표현에서도 낭만적 복원의 경향을 알 수 있다. 건축가는 기존 구조물에 구조적 결함이 있을 때나 철거하고 일부를 남겨 놓을 때에 이를 안전하게 보강하기 위한 필요한 조치를 눈에 띄지 않게 취하면서도 동시에 건물 곳곳에 40년에 가까운 오랜 세월의 우여곡절을 느낄 수 있는 흔적을 그대로 남겨놓았다. 전체적인 콘크리트 골조는 되도록 그대로 노출시키고, 일부 벽과 슬래브를 철거하고 뜯겨나간 흔적을 그대로 두

덧붙여진 천창 구조물과 새로 조경이 들어간 곡선형의 경사로 ⓒ김란수

이전의 VIP샤워실 부분 ⓒ김란수

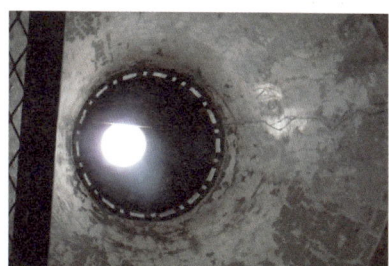

이전의 환기구 구조물 ⓒ김란수

었다. 내부에서 일부 벽은 세월의 흔적을 보여주기 위해 변형된 모습을 그대로 놔두기도 했다. 어린이대공원 운영 당시 도색된 페인트를 일부 남겨두기도 하고, 당시 소장 방으로 쓰였던 기존 벽체의 일부도 남겼는데 이 부분은 마치 추상 벽화 작품처럼 보이기도 한다. 피크닉 정원 근처에는 서울컨트리클럽하우스 시절 VIP 샤워실로 쓰이던 반원형 타일 벽체의 하단부를 남겼다. 또한 현재 관리사무실 복도 위의 천장에는 당시에 환기구로 쓰였던 원형의 구조물도 남아있다. 기존에 2층으로 직접 골프 카트를 끌고 올라갈 수 있는 곡선형의 경사 진입

노출 콘크리트의 거친 마감에 신설된 창틀과 옥외 엘리베이터 ⓒ김란수

로는 현재에 장애인 통로로 사용하기에는 경사각이 가팔라서 철거될 상황이 되었으나, 잔디와 꽃을 심어서 조경공간으로 재탄생되었다. 건물 안팎이 이어지는 경계 공간에 나무를 심어서 오래된 주변 자연환경과 어울리게 하여, 보통 오랜 건물에서 나타나는 건축과 자연이 일체화된 모습을 조성했다.

브루탈리즘과 제 나이로 보이기

나상진 건축가가 원래 설계했던 서울컨트리클럽하우스 건물은 전쟁으로 파괴된 경우는 아니지만 대공원 교양관이 되면서 오랜 세월에 걸쳐 훼손되었다. 그리고 더는 그 주변에 골프장도 없기 때문에 골프하우스로서의 용도도 의미가 없었고, 실증적인 복구도 어려운 상황이었다. 이때 조성룡 건축가는 비평적 복원의 견지에서 본 건물의 역사적인 가치를 현재의 대중이 신선하게 받아들

지하1층의 기존의 자연석 외벽 ⓒ김란수

일 수 있는 설득력 있는 대안을 브루탈리즘 디테일에서 찾았다. 나상진이 설계한 서울컨트리클럽하우스 건물은 소위 브루탈리즘^{Brutalism}의 경향에 속하는데, 이는 르 코르뷔지에가 설계했던 라투레뜨 수도원과 같은 노출 콘크리트 건물과 비슷한 특성을 갖는다. 1950년대에서 70년대까지 유행했던 이 브루탈리즘의 특징은 각진 수평 수직의 구조 부재가 결구하면서 생기는 강한 매스적인 볼륨감과 음영 효과, 그리고 노출 콘크리트의 거친 마감 효과 등을 들 수 있다. 특히 폴 루돌프$^{Paul\ Rudolph,\ 1918-1997}$의 예일 대학교의 예술건축학부 건물^{1964}에서 보이는 노출 콘크리트의 강한 수직의 줄눈에 거칠게 정으로 쪼은 디테일이 이 컨트리클럽하우스 건물에도 나타난다. 조성룡은 이런 브루탈리즘 건물에서 보이는 예술성을 드러내기 위해 그동안 여러 겹으로 덧입혀졌던 페인트칠을 벗겨냈다. 그리고 이런 거친 질감과 어울릴만한 붉은 벽돌, 내후성 강판, 철판, 목재 등의 재료를 택하여 거칠어 보이는 디테일로 마무리했다. 또한 이런 재료들의 색상은 붉은색 계열로 기존의 노출 콘크리트의 무채색과 대비 조화를 보이며, 낡은 느낌을 준다. 실제로 새로 설치된 부분들 중 많은 부분이 외기에 노출되어 있어서 비교적 빠른 노화^{aging}가 진행되었고, 또한 브루탈리즘 건물은 마

기존 구조물에 계단을 추가한 내부 모습 ⓒ김란수

치 오랜 세월 동안에 마모된 느낌으로 이런 노화 분위기를 가중시킨다. 건물 안 팎은 여기저기 뜯겨나간 자리가 그대로 노출되어 있지만, 이것들은 모두 건축가가 의도적으로 방치하여 남긴 부분이다. 신설된 부분들도 세월의 흔적이 남겨진 기존 노출 콘크리트 골조와 어울려서 결과적으로 전체가 자연스럽게 낡고, 마모된 것처럼 보인다. 꿈마루는 건축가의 절제된 재료 고르기와 섬세한 디테일 적용으로 이 건물이 처음 지어진 1970년부터 현재까지의 실제에 가까운 연륜을 드러낸다.

건축가는 과거의 형태 안에 현재에 필요로 하는 시설들을 과하지 않게 삽입시켜서 그 주변 공간들과 어울리며 쓸모 있게 사용되도록 설계했다. 구배가 급한 내부의 주 경사로는 완만한 목재 계단 길로 변모시켰고, 장애인을 위한 투명 엘리베이터와 지하로 연결되는 옥외 엘리베이터도 설치했다. 1층 로비 공간에

신설된 투명 엘리베이터와 안상수의 '한글매화나무' 벽화 ⓒ김란수

는 금속 창틀을 복원하여 이전에 있었던 클럽하우스의 내부공간 영역을 상기시켰다. 1층에는 현재에 기본적으로 필요한 시설인 상황실과 화장실이 있다. 피크닉 정원과 연결되는 2층에는 관리사무실이 있다. 공원이 한눈에 내려다보이는 전망 좋은 3층에는 북카페와 다목적 홀을 두었다. 원형 디자인을 모티브로 해서 자연석으로 마감된 지하 1층의 전면 공간에는 카페테리아가 있고, 기존의 원형 구조물에 내후성 강판을 덧대어 이곳에 천창을 새로 두었다. 주 계단의 전면 벽면에는 안상수의 '한글 매화나무' 벽화가 그려져 있다. 꿈마루에 있는 모든 안내문과 표지판도 안상수의 안그라픽스가 만든 디자인작품이다. 꿈마루는 원래의 형태보다도 일단 더 많이 비워진 이후에 건축가의 예술적 안목으로 새롭게 연출하는 비평적 복원 설계를 통해 새로운 변신에 성공했다.

능동의 서울컨트리클럽하우스, 어린이대공원 교양관, 그리고 꿈마루

꿈마루가 있는 서울시 광진구 능동 어린이대공원의 대지에는 이 땅을 차지했던 여러 형태의 공간이야기가 축적되어 있다. 조선시대에 이 대지에는 조선의 마지막 왕인 순종(1874-1926, 재위 1907-1910)의 부인 순명황후 (1872-1904)의 묘가 있었다. 순명황후는 1897년 황태자비가 되었으나 순종이 즉위하기 전에 33세의 나이로 승하했다. 순종은 1907년에 즉위하여 1926년에 승하했고, 이때 순명황후의 관도 이장되어 순종과 함께 경기도 남양주시에 있는 유릉에 합장되었다. 이런 배경으로 어린이대공원의 대지가 있는 곳이 광진구 '능동'이 되었다고 한다. 일제강점기 시절인 1926년에 순명황후의 능이 옮겨지고 나서 이 대지에는 한국 최초의 골프장인 경성골프장이 들어섰다. 이곳은 국내에서 가장 이름난 골프장이 되었으며, 1968년에는 이 골프장 대지에 건축가 나상진이 서울컨트리클럽하우스 건물을 설계하여 1970년에 이 건물을 준공했다. 그러나 1970년 말에 박정희 대통령이 이 골프장을 다른 곳으로 옮기고 어린이를 위한 공원을 조성하라고 지시했고, 이 서울컨트리클럽하우스 건물은 어린이대공원의 관리사무소 및 편의시설 공간인 교양관으로 리모델링되어 1973년 5월 5일 어린이대공원 개원 시에 같이 개장되었다. 이 교양관은 사무실로만 쓰기에는 공간이 높고 커서, 공룡전시회 등의 이벤트 장소로 주로 쓰였다. 건물은 37년간 어린이대공원의 여러 이벤트를 위한 공간 활용을 위해 지붕을 덮거나 덧댄 부분들과 페인트칠로 뒤덮여졌다.

2010년에 건축가 조성룡은 최광빈 당시 서울시 국장에게서 어린이대공원의 교양관 건물이 많이 낡고 추워서 이 건물을 철거하고 새로 건물을 신축하려고 하는데 한번 검토해달라는 요청을 받았다. 조성룡 교수가 도면을 받아 검토해 보니, 도면 속의 원래 건물모습이 범상치 않아서 자세히 조사해 보니, 이 건물은 한국 근현대 과도기의 건축물을 다수 설계한 건축가 나상진의 작품이었던 것을 밝혀냈다. 당초에 서울컨트리클럽하우스로 설계된 이 건물은 '수평과 수직을 강조한 명료한 구조와 자연 지형과 전통 건축양식을 적용한 조형적 세련미'를 잘 표현한 건물로서 평가되어 이미 1999년 건축문화의 해를 기념하며 출판된 '한국건축 100년'에 게재되었던 사실도 드러났다. 조성룡 건축가는 이 건물의 문화적 보존가치를 알렸고 이 건물을 복원해야 함을 설득했다. 이때는 이미 서울시가 신축 결정을 내린 뒤였음에도 불구하고, 조성룡의 강력한 설득으로 서울시 푸른도시국은 교양관 건축 관련 자문회의를 거쳐서 철거 후 신축하는 대신에 건물을 복원하는 것으로 건축 설계 방향을 전환했다. 조성룡은 1999년 완공된 선유도공원 프로젝트에서 옛 정수시설 구조물의 구조미와 해묵은 흔적을 살리면서도 이 시대가 요구하는 휴식을 주는 공원으로 탈바꿈시키는 복원 설계를 이미 성공적으로 수행한 경력이 있었다. 선유도공원 프로젝트가 건축물로서는 별 가치가 없는 정수시설을 공원 시설로서 재활용할 수 있도록 하는 설계였다면, 이번 꿈마루 프로젝트는 문화적으로 보존가치가 있는 건축물을 예술적으로 복원하는 동시에 현재적 효용성을 더하는 작업이라는 점에서 훨씬 더 깊이 있는 논의를 거친 후에 이 건물에 대한 복원 원칙이 수립되었다. 이 프로젝트에서 조성룡도시건축이 기본 계획을 맡고, 건축가 최춘웅 교수와 조경가 박승진 소장(디자인스튜디오 loci)이 현장 기술 지도를 담당했다. 그 외에도 근대 건축 도시 보존과 관련된 다수의 전문가들이 참여했다.

설계 조성룡 / 조성룡도시건축 + 최춘웅 / 도시건축집단
위치 서울특별시 광진구 능동로 216
규모 지하 1층, 지상 3층

1) 장유경, 유재우, "同時性'으로 본 역사적 건축물의 복원이론과 실천에 관한 연구." 대한건축학회논문집 계획계, v.25 n.10, 2009-10, pp.181-186. 장유경은 역사적 건축물의 복원에 대해 전통이 깊은 유럽의 다양한 예를 정리했는데, 여기에는 죤 러스킨(John Ruskin)의 낭만적 복원, 카밀로 보이토(Camillo Boito)의 실증적 복원, 구스타보 죠반노니(Gustavo Giovannoni)의 과정적 복원, 체라레 브란디(Cesare Brandi)의 비평적 복원 등이 있다. 죤 러스킨 의 낭만적 복원에서의 주장은 역사적 기념물은 원형 그대로 보존되어야하며 따라서 후대에 어떠한 변형도 가해져서는 안 되며, 단지 지속적인 관리를 통해서 소멸되는 시기를 늦추어야 한다는 것이다. 따라서 그는 역사직 건축물이 폐허로 되면서 주변 환경과 일체화되는 과정에서 보여주는 시간의 흔적과 기억의 가치를 중요시했으며, 건물을 영고성쇠 하는 유기세로 간주했다. 이와 대조적으로, 카밀로 보이토의 실증적 복원에서의 주장은 역사적 기념물은 무너진 채로 방치되어서는 안 되며, 지어진 최초의 건물을 파악할 수 있는 이미지와 문헌 등 실증적 자료와 고증을 토대로 본래에 지어졌던 건물과 가깝게 수리해야 한다는 것이다. 구스타보 죠반노니 의 과정적 복원은 단일 건물 자체에서 보다는 도시적 차원에서의 역사적 장소성에 초점이 맞춰져 있다. 죠반노니가 연구 대상으로 삼았던 1940년대 당시의 로마 도심에는 무분별하게 난립된 건물들과 폭격으로 인해 파괴 건물들이 뒤섞여서 도시적 차원에서 정비할 필요성이 제기되었다. 여기서 그는 역사적 장소성이라는 큰 맥락에서 역사적으로 중요한 건축물을 파악하고, 그 주변에 숨 쉴 수 있는 비어 있는 옥외공간을 두기 위해 상대적으로 덜 중요한 건물들을 제거하는 방법을 제안했다. 위에서 설명한 낭만적 복원, 실증적 복원, 과정적 복원이 모두 건축물의 역사적 가치에 초점이 맞춰져 있는 반면에, 체라레 브란디의 비평적 복원은 현재에 새롭게 조명할 수 있는 건축물의 예술성에 대한 해석에 초점이 맞춰져 있다. 전쟁으로 인해 대량으로 파괴된 건축물을 원형으로 복원하기는 불가능한 상황에서 복원 건축가는 건물의 역사적인 가치를 예술적 근거를 갖는 현재의 가치로서 체계화시키는 비평적 단계를 보여주면 된다는 것이다. 따라서 복원 건축가는 복원 과정에서 기술자가 아니라 예술적 재인식을 통하여 창조적인 선택을 할 수 있고, 따라서 건물의 과거 형태를 현재에 설득력 있는 예술적 견지에서 가감하거나 변형하여 결과적으로 건물축의 새로운 면모를 드러내는 종합예술가인 것이다.

2) 교양관의 기존 연면적은 4,886m²였으나 꿈마루의 연면적은 1,220m²이며, 따라서 3,000m²가 넘는 실내면적이 꿈마루로 리노베이션되면서 옥외 빈 공간이나 조경 공간으로 변경되었다.

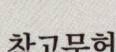

참고문헌

덕원갤러리

권문성, 이경락, "인사동 덕원갤러리," PLUS, 2004.02, pp.116-122

권문성, [특집] "리모델링 설계 4, "건축(대한건축학회지), v.49 n.9, 2005.09, pp.56-63

한창섭, [특집] "리모델링 제도현황 및 발전방향," 건축(대한건축학회지), v.49 n.9, 2005.09, pp.18-20

신혜경 전문기자, "건물이 성형수술 … 표정까지 바꿨다," 중앙일보 2004.02.20

이호승 기자, "집과 자연은 소통하고 교류해야," 매일경제 2007.04.27

아뜰리에17 홈페이지: www.a-17.com

미술세계 홈페이지: www.mise1984.com/about

쌈지길

"쌈지길", 건축세계 2005.12 pp.122-125

오호근, "좋은건축, 좋은도시_인사동 쌈지길," 월간 건축문화, v.319, 2007.12, pp.140-143

강수미, "인사동 쌈지길, 첨단 자본주의시대 다공(多孔)적 공간," SPACE 2005.06, pp.78-85

조관우 기자, "인사동 '쌈지길' 탐방-작가주의 중심 패션 컨텐츠로 진화," Fashion Insight, 2010.09.27.

조관우 기자, "감성 마켓 겨냥한 스토리텔링-정재호 (주)인사사랑 쌈지길 부사장," Fashion Insight, 2010.09.27

송은석 기자, "인사동을 품어 안은 쌈지길", 서울경제, 2015.08.21.

최문규, "숭실대 학생회관 강연", Forumnforumn_라운드어바웃, 2014.04.02.

천호선, "쌈지길의 공간구성과 운영" [특별강연], 한국실내디자인학회 학술발표대회 논문집, v.8 n.1, 2006.05, pp.42-46

"건축가 최문규" 네이버캐스트: navercast.naver.com

쌈지길 홈페이지: www.ssamzigil.com

테티스

Kwak Hee-soo, "Tethys," Space, 2008.01, pp.24-33

곽희수, "컨베이어벨트," 김성홍, 곽희수, 김동진, 김승회, 강원필 저, 한국건축의 새로운 지평, 운생동, 2011, pp.12-26

"[아름다운 건축물①] 고소영의 청담동 100억 빌딩 '테티스'," Chosun Biz, 2011.5.18

"동화같은 '스타의 집'- 건축가가 밝히는 뒷이야기", Y-star News, 2013.04.16. 방영

이뎀도시건축 홈페이지: www.idmm.kr

바티ㄹ

김동진, "바티_리을," 건축세계 2008.12, pp.104-109

김동진, [프로젝트 리포트] "바티_리을," 건축(대한건축학회지), v.53 n.04, 2009.04, pp.66-69

김성홍, "중간지대에 선 한국 건축가들," 한국건축의 새로운 지평, 김성홍 외, 운생동, 2011, pp.36-39

손택균 기자, "ㄱ과 ㄴ이 만나 ㄹ을 낳다 - 바티-리을," 동아일보, 2009.01.21

이은주 기자, "물 흐르듯 사람을 끌어들이는 '열린 집' - 3040 한국건축의 힘 7 김동진," 중앙일보, 2009.08.20.

Type Spaces Typography in a Three-dimensional Space, Basheer Graphic Books, 2013

SK서린빌딩

김종성, "SK빌딩," 월간건축문화, v.227, 2000.03, pp.132-143, & p.185

김종성, "미국의 관점에서 본 건축과 전통," Space, 1975.05, pp.57-61

김종성, 김원, "현대건축과 건축교육: IIT-현대건축교육의 한 관점," Space, 1976.08, pp.57-61

김종성, "모더니즘의 진화와 김종성," Space, 1985.06, pp.90-103

김종성 [SENIOR ARCHITECT INTERVIEW] 도서출판 에이엔씨, 2010.02, pp.152-155

김종성, "오피스 빌딩 설계에 관한 나의 생각, 건축과 환경, 1990.04, pp.118-121

정인하, 구축적 논리와 공간적 상상력 (김종성 건축론), 시공문화사, 2003

곽수희, 정인하, "김종성의 오피스 빌딩에서 나타난 건축적 특징에 관한 연구," 대한건축학회 논문집(계획계), v.18 n.3, 2002. 03, pp.79-86

김종성, "시대정신으로서의 과학정신과 테크놀러지," 건축과 환경, 1990.01, pp.69-91

김기호, 심경미, "서린구역 도심재개발의 도시설계요소 특성 및 변화연구," 도시설계, v.11 n.1, 2010.03, pp.123-142

Jong soumg Kimm, Tectonic Logic and Spatial Imagination, (Exhibition pamphlet), Aedes, 2006

Ransoo Kim, "The 'Art of Building' (Baukunst) of Mies van der Rohe," Ph.D. Thesis, Georgia Institute of Technology, 2006.08

서울건축 홈페이지: www.sacarch.co.kr

Fazlur Khan 홈페이지: khan.princeton.edu

SOM 홈페이지: www.som.com/project/brunswich-building

종로타워

박호영, "종로타워," 월간 건축문화, 2000.03, v.226, pp.114-131

"종로타워," 월간 건축세계, 2000.12, v.67, pp.128-131

배재원, "종로타워, 세계의 맥박이라는 이미지 구현," 월간 빌딩문화, 2000.02, v.2, pp.16-25

조경진, "논고-종로타워-종로의 사각지대," 월간 건축세계, 2000.01, v.56, pp.140-143

최아사, "비평-종로타워 다시보기," 월간 건축세계, 2000.01, v.56, pp.160-163

김재영, "TOP CLOUD의 LIFT UP 공법 설명," 월간 건축세계, 2000.01, v.56, pp.170-175

Rafael Viñoly Architects 홈페이지: www.rvapc.com/works/341-samsung-jong-ro-tower

퍼시스서울본사

최정오, "퍼시스 서울본사," 건축문화, 2009.08, pp.160-165

전재호 기자, "투명한 소재로 안과 밖 경계 허물어," 서울경제, 2009.10.4

한유그룹사옥

임재용, "도시와 공존하기 위한 주유소의 전략", SPACE, , v.509, 2010.04, pp.69-83

이재하, "한유그룹 사옥," 조명과 인테리어, 2011.05-06, pp.28-37

임재용, [자료] "진화하는 주유소." 건축역사연구, v.19 n.5, 2010.10, pp.113-120

한유 에너지 홈페이지: www.hanyuenergy.com

공간사옥

김수근, 좋은 길은 좁을수록 좋고 나쁜 길은 넓을수록 좋다, 공간사, 1989

정인하, 김수근 건축론, 시공문화사, 2000

김수근, 장세양, 공간사옥, Spacetime, 2003

박영규, 목칠공예 (한국 미의 재빌건 10), 솔 출판사, 2005

"아라리오를 아시나요?" 월간미술, 2015.02

Lee, Boem Jae, "Space Group of Korea Building," Kim Swoo Geun: 세계건축가, PA 14, 건축세계사, 1998

"The Swinging Lorenzo of Seoul," Time, 1977.05.30., p.23

宮脇檀, "金寿根とその世界," A+U, 1978.03, pp.83-97

金寿根, "現代建築における伝統の発露" A+U, 1978.03, p.98

S. Chang(Time-Life 記者), "S.G.K.," SD, 1979.08 (Kim, Swoo Geun 특집)

공간그룹 홈페이지: www.spacea.com

아라리오뮤지엄 홈페이지: www.arariomuseum.org

문화포털디지털아카이브: www.culture.go.kr:8800/archive

환기미술관

박미정, "한국추상미술의 선구자 김환기" 네이버캐스트

우규승, "환기미술관," 월간 건축문화 , v.153, 1994.02, pp.100-111

최윤경, "환기미술관 : 회유와 반추" [건축비평], 건축(대한건축학회지), v.42 n.8, 1998.08, pp.10-12

"환기미술관," 월간 건축세계, v.7, 1995.12, pp.236-239

환기미술관 홈페이지: whankimuseum.org

김옥길기념관

월간 건축세계, 1998.12, v.43, pp.160-162

월간 건축세계, 1999.12, v.55, pp.120-121

월간 건축문화, 2000.06, v.229, pp.68-75

김란수, 18세기 영국 랜드스케이프 정원에서의 폴리의 연합적 특성, 대한건축학회논문집 계획계, v. 32 n.08, 2016.08, pp.113-122

김란수, 근대 이전 정원 폴리와 라빌레뜨 공원 폴리의 특성비교, 대한건축학회논문집 계획계, v.32 n.05, 2016.05, pp.107-116

김란수, 글라스하우스의 파빌리온, 폴리, 인스톨레이션의 특성, 건축역사연구, v.26 n.1, 2017, pp.71-82

김인철, "노출 콘트리트 재료와 디테일 – 김옥길기념관," 월간 건축문화, 2001.01, v.236, pp.116-120

건축문화편집부, "좋은건축, 좋은도시_김옥길 기념관," 월간 건축문화, 2007.09, v.316, pp.112-119

김인철, 김옥길 기념관, 서울포럼, 2000

Holmes, C., Follies of Europe : Architectural Extravaganzas, Garden Art Press, 2008

Mott, G., & Aall, S. S., Follies and Pleasure Pavilions: England, Ireland, Scotland, Wales, New York, Harry N Abrams, 1989

Condon, P., M., Cubist Space, Volumetric Space, and Landscape Architecture, Landscape Journal, v.7 n.1, 1988

Diamond, B., Landscape Cubism: Parks that Break the Pictorial Frame, Journal of Landscape Architecture, v.6 n.2, 2011

안중근의사기념관

임영환 + 김선현, "상징적 재현을 통한 기억의 각인," SPACE, 2010.10, pp.38-45

임영환, [프로젝트 리포트] 안중근의사기념관, 건축(대한건축학회지), v.55 n.1, 2011.01, pp.50-53

임영환, [프로젝트 리포트] 안중근의사기념관, 건축(대한건축학회지), v.51 n.8, 2007.08, pp.87-89

원일우 ; 김정국, [공사기록] 안중근 의사 기념관 현장, 한국건축시공학회지, v.10 n.4, 2010.08, pp.54-61

윤병석, 안중근 연구: 하얼빈의거 100주년의 성찰, 한국사연구총서, 국학자료원, 2011

이은주 기자, "오늘 문 여는 '안중근 의사 기념관' 설계, 부부 건축가 김선현·임영환 씨," 중앙일보, 2010.10.26.

안중근청년아카데미, "'안중근 의사 의거 100년·서거 100년' 4대 기념사업," 안중근 평화신문, 2008.03.08.

임형섭 기자, "조선신궁 밀어낸 안중근기념관," 한국일보, 2009.10.21.

안중근의사기념관 홈페이지: ahnjunggeun.or.kr

절두산 순교성지기념성당

박춘상, "복자기념성당 및 기념관" (한국현대건축11인선), 공간, v.13, 1967.11, p.31

나상진 "복자기념성당," 공간, v.15, 1968.01, pp.38-39

김원, "순교복자기념성당에서 보는 카톨리씨즘의 한국화," 우리시대의 거울, 도서출판 광장, 1975, pp.35-39

김정신, "한국천주교 성당건축의 변천과정과 토착화에 관한 연구," 건축(대한건축학회지), v.28 n.116, 1984.01, pp.62-72

김정신, "절두산 순교성지 기념성당," 월간 건축문화, v.54, 1985.11, pp.86-89

김억중, "건축구성적 측면에서 본 절두산 순교기념관," 건축과 환경, v.65, 1990.01, pp.146-148

김정동, "양화진 강변에 솟아오른 방주-절두산 복자기념관," 근대건축기행, 1999, pp.216-221

이준혁, "이희태와 알빈 슈미치의 근대성당 디자인 전개방식에 관한 비교 고찰," 대한건축학회논문집 계획계, v.17 n.3, 2001.03, pp.85-92

절두산 순교성지 이야기: 버들꽃나루와 잠두봉, 한국교회사 연구소, 2003

정인하, 감각의 깊이 (이희태건축론), 시공문화사, 2003

김억중, "신화의 이면: 절두산 순교복자 기념 성당 및 박물관," 2004, pp.143-180

99건축문화의 해 조직위원회, 한국건축100년, 국립현대미술관, 피아, 1999

절두산순교성지 홈페이지: www.jeoldusan.or.kr/renew/index.php

경동교회

정인하, 김수근 건축론, 시공문화사, 2000

김수근, Kim Swoo Geun: 세계건축가, 건축세계사, 1998

김수근, 좋은 길은 좁을수록 좋고 나쁜 길은 넓을수록 좋다, 공간사, 1989

강원룡, "나와 김수근 선생," 당신이 유명한 건축가 김수근 입니까, 김수근문화재단, 공간사, 2002

"김수근의 경동교회," KBS 1TV '명작스캔들' 62회, 2012.4.29

경동교회 홈페이지: www.kdchurch.or.kr

여해강원룡 사이버 아카이브: www.yeohae.org/yeohae-front/introduction/introYeohae.asp

탄허대종사 기념박물관

이성관, "탄허대종사 기념박물관-선교일체의 공간," 월간 Plus, 2010.11, pp.116-137

이혁, "전통사찰 진입부의 공간 특성," 대한건축학회지회연합회 논문집, v.09 n.01, 2007.02, pp.115-122

탄허기념박물관 홈페이지: www.tanheo.org

선유도공원

특집: "선유도공원," 건축문화 v.254, 2002.07, pp.33-84

"선유도공원," Plus v.183, 2002.07, pp.49-59

"선유도공원화사업 현상공모-당선작," Concept, 2002.02, pp.138-141

"시간의 흔적 간직하는 건축을" 조성룡 인터뷰, 중앙일보, 2003.06.15

정기용, "선유도공원-잊혀진 땅의 귀환," 문화과학 n.31, pp.245-256

이경아, "선유도공원의 본질," 한국디자인산업연구센터 KDRI Newsletter, 2005.04, pp.96-101

선유도공원 홈페이지: sunyoudo.cafe24.com

북서울꿈의숲 아트센터

최신현, 박유진, "비워서 구축하다," PLUS 2009.12, pp.78-92

최신현, "전통마을 배치기법에 따른 북서울꿈의숲 설계," 조경연구(한국조경학회지), v.37 n.6, 2010.02, pp.66-72

김진엽 ; 김정곤, "현대 건축에 나타난 랜드스케이프 건축의 공공공간(公共空間)에 관한 연구," 한국실내디자인학회 논문집, v.21 n.5(통권 94호) (2012-10)

북서울꿈의숲 홈페이지: dreamforest.seoul.go.kr

씨토포스 홈페이지: www.ctopos.co.kr

건축사사무소 시간 홈페이지: www.seegan.com

서울어린이대공원 꿈마루

조성룡, "시간의 공간 꿈마루와 선유도공원, SPACE, 2011.09, n.526, pp.74-80

최춘웅, "멋있게 늙어가기: 어린이대공원 교양관의 해석적 복원," SPACE, 2011.09, n.526, pp.81-85

"서울컨트리클럽하우스," 한국 건축 100년, '99건축문화의 해 조직위원회, 국립현대미술관, 피아, 1999, p.197

구본준 기자, "공무원이 우연히 찾아낸 한국 건축사의 '보물'," 한겨레 뉴스, 2011.11.21

구본준 기자, "1세대 건축가 나상진 '꿈마루'로 부활하다," 한겨레뉴스, 2011.05.26

"어린이대공원 꿈마루 리모델링 완료…8일부터 시민에 개방," 뉴스와이어(서울시 제공), 2011.05.8

장유경 ; 유재우, "同時性'으로 본 역사적 건축물의 복원이론과 실천에 관한 연구." 대한건축학회논문집 계획계, v.25 n.10, 2009.10, pp.117-186

감사의 글

저자는 2012년부터 명지대학교 건축인문연구실 학생들과
서울에 있는 120여 개의 유수한 건축물들을 답사했고,
그 중에서 건축적으로 의미 있게 감상 할 수 있는
국내 건축가들의 작품을 위주로 선별하여 이것을 한 권의 책으로 만들었다.
나의 연구실 석사생인 김명규와 박슬기,
그리고 연구실 학부생인 이선민, 김형주, 황신혜, 김군안, 손은정,
김현엽, 이보라, 조성일, 손정, 김태우, 김태형, 김효은, 서민정이
건축물 답사 또는 책에 쓰기위한 도면 그리기에 참여했다.
그들에게 고마운 마음을 전한다.
특히, 이 책에 들어간 건축물 답사 사진의 많은 부분을
나의 첫 번째 석사과정 학생이었고, 현재에는 마실 대표인 김명규가 찍었다.
그는 건축물 답사를 위한 기본 자료를 모으고,
건축사무소에 연락하여 자료 수집하는 일을 도맡아 해 주었다.
그 뿐 아니라 이 책을 마실에서 출판하게 되어 특별한 감회를 갖는다.
그의 한결같은 친절한 도움에 감사한 마음을 표한다.
정성을 다해 이 책을 편집해준 마실의 박소정에게 고마운 마음을 전한다.
책을 쓰면서 사실 확인을 위해 대부분 건축물들을 다시 방문해야했는데,
이때에 업데이트된 건축물 사진을 찍어주고,
여러 도면을 그려준 나의 아들 문희윤도 참 고맙다.
이 책에 들어간 도면과 사진을 기꺼이 제공해 주신
SACOB 회원분과 건축사무소 대표님에게도 감사드린다.
나를 이해해주고 격려해준 남편과 아들,
그리고 나의 자매, 부모님, 하나님께 감사한다.

도시건축감상 (개성있는 서울의 건축물 둘러보기)

2017년 12월 15일 초판 발행

지은이　　　　김란수
인쇄　　　　　한국학술정보(주)
펴낸곳　　　　마실와이드
등록번호　　　제2016-000220호

편집, 디자인　　마실와이드
A. 서울시 마포구 독막로2길 12, 2층
T. 02-6010-1022
M. masil@masilwide.com
H. www.masilwide.com

ⓒ2017 김란수
* 이 책 내용의 전부 또는 일부를 재사용하려면 반드시 저작권자와 마실와이드의 동의를 받아야 합니다.
* 수록된 그림 자료와 사진은 대부분 저작권자의 사용 허가를 받았으나, 일부는 미처 허가를 받지 못했습니다. 확인되는 대로 허가 절차를 밟겠습니다.
* 이 저서는 2017년도 정부(미래창조과학부)의 재원으로 한국연구재단의 지원을 받아 수행된 중견연구자지원사업 결과물입니다. (No.2016R1A2B1016150)

이 도서의 국립중앙도서관 출판예정도서목록(CIP)은 서지정보유통지원시스템 홈페이지(http://seoji.nl.go.kr)와 국가자료공동목록시스템(http://www.nl.go.kr/kolisnet)에서 이용하실 수 있습니다.(CIP제어번호: CIP2017032855)

ISBN　　979-11-961734-1-8